U0071144

小鮮集

食色生活

曹亞瑟・著

敘引

老子曰：「治大國若烹小鮮。」可見小鮮難烹。此技若佳，可移治大國矣。《韓非子》如此「解老」：「治大國而數變法，則民苦之。是以有道之君貴靜，不重變法。故曰：治大國者若烹小鮮。」烹小鮮之道，秘訣在於勿頻繁翻動，不然易使魚兒散架；引申至治國，恐怕要義就在於不折騰吧。

當然，治國乃肉食者所謀之事，我輩操心純屬鹹吃蘿蔔。還是閒來品著小鮮，就著史書下酒，從中勾稽一些有關飲饌的史料，再結合自己的美食經歷，款款道來，此間的愉悅是無可比擬的。

「調鼎他年事，妙手看烹鮮」，亦一樂也。因題新作為《小鮮集》。

癸巳年春分，作者識於中州之小鮮館

目次

第二分　落英

第三分　春臆

第四分　迷張

第一分　煮羹

肥而不膩的四月

在四月，詩人們好像都陷入愁苦之地。白居易說：「人間四月芳菲盡，山寺桃花始盛開。」四月萬木繁盛，在他眼裡都芳菲已盡（當然他指的是陰曆）。而T．S．艾略特在《荒原》中竟冷酷地寫道：「四月是最殘忍的月份，哺育著丁香，在死去的土地裡，混合著記憶和慾望。」但對美食家來說，四月猶如剛上膘的羔羊，肥而不膩。

比如袁枚說：「夏日長而熱，宰殺太早，則肉敗矣；冬日短而寒，烹飪稍遲，則物生矣。」唯春日沒有這些顧慮。袁枚是個生活大師，他的《隨園食單》我搜求了很多年，所以一見到就報復性地買了好多個版本，以補當年的不足。讀袁枚食單絕對是一種享受。雖說君子遠庖廚，但他善品，見識廣博，又善於總結和提煉，所以更高於一般的烹飪專家。像袁枚這麼愛生活的人，演戲、寫書是一流，幹廚子頭肯定也是一流。

我的最早飲食啟蒙著作來自兩本，一是汪曾祺編的《知味集》，一是梁實秋的《雅舍談吃》。新時期文人談吃，肇始於汪氏。一本《知味集》，「八大菜系，四方小吃，生猛海鮮，新摘園蔬，酸豆汁，臭千張」，無不盡收筆底。汪曾祺有《旅食集》和《四方食事》，那真是連美食帶美文，真個讓人看得大快朵頤。汪氏公子繼承乃父遺風，也寫起了《胡嚼文人》。其家鄉高郵更是推出了「汪氏家宴」，照著汪老先生的文章比樣畫瓢。小汪說，他家老頭子雖然會燒幾樣菜，但還遠不夠做家宴的份兒，「汪氏家宴」云云，附會罷了。但最起碼這也說明了人們在追求飲食品質，實則追求生活品質，是好事。

梁實秋的《雅舍談吃》，與後來的唐魯孫《中國吃》、《天下味》、《大雜燴》、《什錦拼盤》、《酸甜苦辣鹹》、《南北看》、《老古董》一樣，都是回憶老北京的吃食。他們有個共同的特點，都是出身於鼎食之家，有條件講究吃喝，有條件吃遍各式小吃、南北大菜。中國人這幾十年活得糙，初看梁實秋筆下的這些講究，真是著迷了——真是貴族需要三代才能培養出來呀，不從小薰著，能有這造詣嘛！

吃喝一道，雖小技，但也最見人的品格和性情。唐振常先生是個文章大家，又是豪放之人，他的《頤之時》一度是的我枕邊妙品。唐先生不光談飲食，也談歷史、談掌故，知人論世都極為精到。我早就是唐先生的鐵桿「粉絲」，他來做越秀學術講座時，我還專門請他在《頤之時》簽了個名。如今先生已歸道山，想起來不勝唏嘘。

近年出版的關於吃的著作尤多，光舍下收藏的就有一百多種，這裡不盡備述，還是列出個書單吧——趙珩的《老饕漫筆》，逯耀東的《肚大能容》、《寒夜客來》，車輻的

《川菜雜談》，范用編的《文人飲食談》，周作人的《知堂談吃》，朱偉的《考吃》，林文月的《飲膳札記》，焦桐的《臺灣味道》、《暴食江湖》，王稼句的《姑蘇食話》，王敦煌的《吃主兒》，沈宏非的《寫食主義》、《食相報告》，蘇衍麗的《紅樓美食》等等，還有那厚厚薄薄的四十幾種「中國烹飪古籍叢刊」，真是一座讓人不忍空手而歸的寶山。

昔讀《金瓶梅》，有感於裡面吃喝的繁複，遂立下宏願，要為此寫下兩書，一曰《金瓶梅食話》，一曰《金瓶梅色話》。食色性也，有此二者，人生庶幾圓滿。不過歲月荒疏，到現在還只停留在宏願上而已！

附記：二〇一一年六月，我的《煙花春夢：金瓶梅中的愛與性》一書出版，總算兌現了當時的願望之一。

食物的柔情蜜意

男女之間的愛意往往喜歡用食物來表達。太古時代，是「投我以木瓜，報之以瓊琚」；現在過情人節，則是你送我巧克力，我回報你玫瑰花。

吃既是小技，也是大道。詩經就記載了許多與吃相關的美好資訊。《豳風・七月》中說：「六月食鬱及薁，七月亨葵及菽。八月剝棗，十月獲稻；為此春酒，以介眉壽。七月食瓜，八月斷瓠，九月叔苴。採荼薪樗，食我農夫。」一個農人全家的四季膳蔬就一應俱全了。而得到幾隻野兔，那吃得就更豐富了：「有兔斯首，炮之燔之。君子有酒，酌之獻之。」（《小雅・瓠葉》）可以用泥巴裹著放火裡煨熟，也可以做成烤肉，再斟上幾杯美酒，就更能享受到生活的喜悅了。於是，相悅的男女執酒共飲，「宜言飲酒，與子偕老。琴瑟在御，莫不靜好。」（《鄭風・女曰雞鳴》）真可以在美食的享用中天荒地老了。

革命不是請客吃飯。戀愛中的男女為增進感情，卻不妨多多請客吃飯。智利女作家伊莎貝拉・阿連德不僅擅長談情說愛，還在食物與情慾的關係上甚有心得，進而撰寫出一本《阿芙洛狄特・感官回憶錄》，還開列了一組春膳食譜，讓人看得心旌搖盪。

伊莎貝拉・阿連德認為：「春膳是連結貪吃和好色的橋樑。我相信在完美的世界裡，任何自然、健康、新鮮、美觀、引人垂涎、有誘惑力的食物，也就是具備所有我們在伴侶身上尋求的食物鏈，都是春膳。」她說出的一句話我覺得是至理名言：「世間唯一真正萬無一失的春膳只有愛情。全世界沒有一樣東西能阻擋熱戀中人熾烈的激情。有了愛情，其他一切都無足輕重，不論生活艱困、歲月肆虐、體力不支、聚少離多；愛人們總是有辦法相愛，這就是他們的命運。」

所以，阿連德特別講究相愛的人用餐的情趣。她建議：「凡是為情人烹調的食物，都帶有情慾的色彩；若兩人一起動手做，並趁著剝洋蔥皮、扯朝鮮薊葉片的良機，淘氣地順勢脫下一兩件衣服，效果會更好」；用餐的色彩也很重要，她舉例說一次她到一位設計名師家中用晚餐，「她的餐廳滿牆都貼著深色鏡子，映照出墨黑的餐椅和桌布。一片陰沉沉的背景裡，黃色的花和餐巾特別突出，顯得璀璨輝煌」。於是，她在設計狂歡宴的菜點時會充分注重色香味。「如果我的預算多得花不完，我要供應賓客大盤大盤生的或熟的貝類、肉、野禽、冷魚肉、沙拉、甜點和水果——尤其是葡萄，有關羅馬帝國的電影裡都會出現葡萄。當然也少不了蘑菇，它的催情效果不亞於生蠔。」她甚至設想要有一座專門的酒窖，裡面佈滿星羅棋佈的蜘蛛網，她腰間掛著沉甸甸的鑰匙串，開啟三道木門，來取用貯存五年以上的醇酒佳釀，因為「葡萄酒的催情效果絕無人有異議」。

讓我們看看阿連德開列的菜譜名字吧：忘憂湯，起死回生湯，朝鮮薊的低語，宮女沙拉，春雨，後宮火雞，浪漫雞，東方風情牛排，迷迭香鹿肉，蘿莉的私房燜飯，修女的青春，維納斯泡沫，包法利夫人……是不是已經讓你食指大動，繼而春心萌動了？

吃，變成了前戲，成了愛的儀式的組成部分。亞當和夏娃相愛時。不就是從吃禁果——蘋果開始的麼？而人生是由一頓頓飯組成的，自然就會思不斷、吃還亂，但這吃，終究只是個手段和媒介。而在中國，這概念又有不同，吃飯就不僅僅是手段，甚至會變成終身的目的。中國人講究「嫁漢嫁漢，穿衣吃飯」，吃的就是你小子，誰給你來男歡女愛，養不起婆姨，「噗」，老娘滅你的燈！

於是，我們見多的就是已婚的媳婦們扭著那水桶般的水蛇腰，展示著嫁漢之後的豐碩成果。她們忘了，阿連德還告誡過：「大吃大喝是通往情慾放縱的康莊大道；如果不加節制，就失落了靈魂。」靈魂跟吃飯絕對是有關係的，靈魂是輕盈的，過分肥壯只會牽累靈魂。就像古希臘的赫拉克勒斯在十字街頭遇到了兩個女人卡吉婭和阿蕾特，卡吉婭只知道身體的感覺，不知道靈魂和美好的滋味；阿蕾特則知道身體是靈魂的僕人，只有靈魂才能拉住神明的衣襟。對赫拉克勒斯來說，這就是一個令人彷徨的選擇。

對於我們這樣的俗人來說，非要把幸福分成「邪惡」和「美好」兩種，是一種不人道的倫理困境。我們只需知道，吃飯是美好的，食物是充滿柔情蜜意的。

逃離火鍋

朋友宴客，安排在一家新開的火鍋店。

我吃火鍋，有過慘痛的經歷。那就是，其一，從未吃飽過；其二，火鍋的百菜一味，讓我想起來就口中無味。不是對朋友不敬，經過充分的思想鬥爭，只好恭謝不敏。

火鍋其實還是蠻有人緣、也蠻有人氣的，你看那些有名氣的火鍋店，到處是人頭攢動。尤其是全家人圍坐一桌，熱氣騰騰，雲煙繚繞，各色生鮮食料擺滿桌上，麻辣醬、海鮮汁、沙茶醬、蒜茸汁，供人選擇，也算是其樂融融。

但我就是喜歡不起來。我只是奇怪：怎麼能所有食料都在開水中涮涮就吃呢？牛肉、羊肉、魚丸、雞胗、蘑菇、冬瓜、豆腐、白菜怎麼能夠是一個滋味呢？一群人在水裡面撈啊撈的怎麼能夠吃飽呢？雖然後來有了一人一份的小火鍋，衛生條件大大改善，但實質並沒有變化，仍然是一個人在水裡面涮啊涮撈啊撈，再蘸著同一種作料，所有的食料仍然是一個味道。

更可怕的是，我吃火鍋從來沒吃飽過。不是我食量大，也不是我胃口偏，而是那些羊肉片、菜葉子在我肚子縹緲一過，根本留不下任何痕跡！可能在我的脾胃判斷裡，那根本就不是菜，而是餐前點心。而正餐未到，難免也就無法支撐幾個鐘點了。

看前輩的著述，無不對火鍋（涮鍋）褒贊有加，使我頗生「異數」之感。如白居易的名詩「綠蟻新醅酒，紅泥小火爐，晚來天欲雪，能飲一杯無」，據說就是為火鍋所寫；朱偉先生考證，在中國，火鍋從東漢時就有雛形了，最晚盛行也在南北朝。近如唐魯孫先生，正宗的老北京，他在《歲寒圍爐話火鍋》一文中感歎道：「北平最著名賣涮鍋子的東來順、西來順、同和軒、兩益軒幾家教門館子，扇好鍋子端上來，往鍋子裡撒上蔥薑末、冬菇口磨絲，名為起鮮，其實還不是白水一泓。所以吃鍋子點酒菜時，一定要點個鹵雞凍，堂倌一瞧就知道您是行家，喝完酒把雞凍往鍋子裡一倒，清水就變成雞湯了。」如此秘訣，一看就是老食家的經驗之談。而一般食客，往往也就是吃點清水煮白肉的命運了。

徐珂在《清稗類鈔》記載清末時的情景：「京師冬日，酒家沽飲，案輒有一小釜，沃湯其中，熾火於下，盤置雞魚羊豕之肉片，俾客自投之，俟熟而食。」也是吃得興味盎然，其中甚至不乏洋鬼子們。在唐魯孫筆下，美國人艾德敷最愛吃北平那種帶多格的共和火鍋，調回美國時，乾脆訂做了兩隻共和火鍋到故鄉肯塔基，使火鍋在異國生根開花。就連法國符號學大師羅蘭•巴特在吃過日式火鍋壽喜燒後，都玩味不已，認為這樣可以沒玩沒了地做，沒完沒了地吃，產生自我重述，像一篇連綿不斷的文本，因之把火鍋賦予了符號學聯想。

如此看來，火鍋的魔力網住了中外老饕們的胃口與情思，在前輩們對火鍋的一篇篇頌歌面前，我的反調唱的有點虛弱乏力，能引為同道者不多。於是，我只有孤獨地不吃，孤獨地逃避乃至抗爭，默默地吃我的各式小菜。

忽一天，讀到袁枚的《隨園食單》，裡面有一篇《戒火鍋》，總算是讓我找到了知音。他說：「冬日宴客，慣用火鍋。對客喧騰，已屬可厭；且各菜之味，有一定火候，宜文宜武，宜撤宜添，瞬息難差。今一例以火逼之，其味尚可問哉？近人用燒酒代炭，以為得計，而不知物經多滾，總能變味。或問：菜冷奈何？曰：以起鍋滾熱之菜，不使客登時食盡，而尚能留之以至於冷，則其味之惡劣可知矣。」呵呵，知音啊！袁枚的理論與我一樣，認為並不是所有食物都可以用水涮之的，況且物性不一，火候不同，如此尋求一律，肯定不會好吃。

我是個食物的自由主義者，喜歡豐富多彩、百花齊放，因而推崇每菜一法、百菜百味。所有食物動輒一律，做法相同、味道相同，必定是霸權主義的，不符合自然規律的。對此，如果反抗無著，我只有一個辦法——逃離。

皮上松花

中國人太愛吃，吃的花樣又太多，甚至容易讓人吃得摸不著頭腦、吃得產生誤解。

比如臺灣人劉克襄在《嶺南本草新錄》中記載，有一種叫「鴨仔蛋」的東西（大陸也有，叫「毛蛋」），做法甚是詭奇：「先將孵了近三星期尚未形成雛鴨的鴨蛋，用開水煮熟。敲開蛋殼後，加上胡椒鹽和越南香菜調味，以小匙羹，挖出來吃。吃的時候，常見及小鴨的骨骼或羽毛，不敢吃的人難免驚悚。……至於為何要使用越南香菜，猜想是可以鎮住腥味。」

這樣的吃食，據說有滋補養身之效，對女人來說更能永保青春。但外國人見了毛絨絨的東西，肯定會覺得中國人的飲食文化有殺戮之氣。

就在二〇一一年，美國的CNN電視臺就將中國的皮蛋評為「全球十大噁心食品」之首，一時引起軒然大波。原因是那黑乎乎、味道怪乎乎的皮蛋被稱為「惡魔煮的蛋」，讓那些美國記者直覺得不可思議並不可理喻。這種文化的歧視當然激起了廣大愛好中華美食的人們的強烈反擊，同時把散著腐臭的乳酪、帶著血水的牛排痛快地腌臢了一番，最終以CNN的道歉而告結束。可見，中西飲食文化的隔膜就是這樣深，真所謂中國人的「吃不到一個鍋裡」也。

人類的胃，是標準的文化之「胃」，別人覺得再好吃的東西，沒有文化的支撐，你也會覺得味同嚼蠟。大家都有過出國後飽受西餐摧殘的經歷，回國後的第一選擇就是往往就是吃一大碗麵條來紓解相思，更有甚者出國時就帶著速食麵了。是西餐不好吃麼？不，是中國人的胃不適應，是千百年來形成的飲食習慣、飲食文化在作祟。

其實，我倒是蠻喜歡撒上薑末、淋上醋汁的拌皮蛋，帶有淡淡的鹹味兒，別具特色，佐以白粥堪稱美味。而且，廣東特產的皮蛋瘦肉粥早已經廣征東西南北，成為各式養生粥類的主打，但凡有粥的地方必有皮蛋瘦肉粥。那麼，以皮蛋作為此粥的獨特配伍，不知經過多少次實驗才能搭配到這麼妥貼、這麼和諧，不可謂不是神來之筆。

關於皮蛋的來歷，傳說很多，但真正見之於記載的是十四世紀元代農學家魯明善的《農桑衣食撮要》，載用鴨蛋可以「每一百個用鹽十兩，灰三升，米飲調成團」。明代《竹嶼山房雜部》的配方是：「取燃炭灰一斗，石灰一升，鹽水調入，鍋烹一沸，俟溫，苴與卵上，五七日，黃白混為一處。」五七三十五天，雞蛋就凝固了，成了晶瑩透亮、彈性十足的皮蛋。此後文人墨客記載、吟詠不斷，連張岱這樣的名士都編有《老饕集》，並寫下詠祁門皮蛋詩：「夜氣金銀雜，黃河日月昏。」可見在明末時，皮蛋已經是尋常百姓家案上的常見之物了。

汪曾祺先生的家鄉在江蘇高郵，那裡是水鄉，盛產大麻鴨，鴨多，鴨蛋也多。高郵的鹹鴨蛋非常有名，袁枚在《隨園食單》裡對高郵醃蛋還猛誇了一通，這讓對袁枚不太感冒的汪先生都覺得有點受用；但朱偉在《考吃》一書中引用康熙時的《高郵州志》，稱此地皮蛋亦佳，「入藥料醃者，色如蜜蠟，紋如松葉」，只是汪曾祺先生只說醃蛋、不說皮蛋，對此未著一字，不知何故。

亞洲人同源同種，對皮蛋的看法就有異於歐美人。日本學者青木正兒在《中華醃菜譜》中就寫下了自己對皮蛋的濃濃感情。他說：「皮蛋一名松花蛋，在日本的中華飯館也時常有，蛋白照例是茶褐色有如果凍，蛋黃則暗綠色，好像煮熟的鮑魚的肉似的。據說，是用茶葉煮汁，與木灰及生石灰、蘇打同鹽混合，裹在鴨蛋的上面，外邊灑上穀殼，在瓶上密封經過四十天，這才做成。我想這只有麵店或是做豆豉的老闆，才能想出這辦法來。總之不能不說是偉大的功績了。不曉得是誰給起了松花的名字，真是名實相稱的仙家的珍味。」（周作人譯，載《如夢記》）

青木先生一九二二年至一九二四年專門來中國考察過，他的感受是第一手的：「北京的皮蛋整個黃的，不是全部固體化，只是中間剩有一點黃色的柔軟的地方，可以稱為佳品。因此想到是把周圍暗綠色看作松樹的葉，中間的黃色當作松花，所以叫它這個名字的吧。……想出種種的花樣來吃，覺得真是講究吃食的國民，不能不佩服了。」（周作人譯）

青木正兒本人就翻譯過袁枚的《隨園食單》，自己還出版過《華國風味》，對中國的飲饌很有研究。看看他文章的題目《肴核》、《魚鱠》、《苦菌頌》、《河豚和松蘑》，是不是就想讓人大快朵頤？

糖與微塵

很多美好的東西都能與「甜」字掛起鉤來：如「甜蜜的回憶」、「甘甜的乳汁」、「甜甜地睡眠」、「笑得很甜」、「甜姐兒」等等。甜食更是伴隨著多數人的兒時記憶，而這個製造甜蜜離不開的「糖」，細究起來，竟然是一部文化史。

最近搜檢有關飲食史的史料時，關於糖的史料屢次引起我的極大興趣。德裔美國人謝弗的《撒馬爾罕的金桃》（中文譯本名為《唐代的外來文明》）是一部漢學名著，它記載了唐時的很多植物、食物、藥物、器物的中外交流史。謝弗說，唐代吃的甜食通常是用蜂蜜做的，而西元前二世紀中國人就用穀物造出了「麥芽糖」，但它跟蔗糖相比已索然無味。西元七世紀，唐太宗曾把二十根甘蔗作為珍貴禮物贈給一位臣民。但當時甘蔗榨汁曬乾後的晶體多為紅褐色，而西域進貢的「石蜜」質地優良潔白，據說是用蔗汁與牛乳和煎而成，唐太宗還派使臣去摩揭陀國（印度）學習過這種奇技秘術。

季羨林先生晚年的巨著《糖史》，更是從文化史的角度爬抉鉤沉，從南北朝時期翻譯的佛教典籍裡找到了關於甘蔗、石蜜和糖的記載，得出中國的蔗糖製造是始於三國魏晉南北朝到唐代間的某一時期的結論。唐代的《新修本草》就有「沙糖」條目，並說是「笮甘蔗汁煎作。蜀地、西戎、江東並有，而江東者先劣後優」。這與《新唐書》中說去摩揭陀國學習前的蔗糖製造「色味愈西域遠甚」的記載是一致的。

到了明朝晚期，中國已經成為白砂糖的製造和輸出大國。這時，中國的蔗糖製造所用的「黃泥水淋」脫色法已相當成熟，而波斯人的精煉技術是在熬製時加入牛奶，可見成本要高於中國。於是，中國人所獨創「黃泥水淋」脫色法又傳回精煉蔗糖的祖先印度的孟加拉地區。據《東印度公司對華貿易編年史》記載，崇禎十年，一個英國船隊從中國購買白糖一百擔；同年十二月，又購買糖一萬二千零八十六擔、冰糖五百擔。後來英國人發現，蘇門答臘和印度產的白砂糖比在廣州購買的還要便宜。可見相互學習極大地促進了生產技術的提高和成本的降低。

而據日裔美國人西敏司在《甜與權力——糖在近代歷史上的地位》中的研究，十七世紀前，糖在英國是代表社會地位的，成功商人和新封貴族在宴請客人時都以擺上精緻的糖雕為榮，這是最能顯示主人身分和氣派的。由於蔗糖的稀缺性，還賦予了它一定的藥用價值，如能治療咳嗽、喉炎、呼吸困難等疾病。從一六五〇年起，一則由於從東方大量進口蔗糖，二則由於當時大量的非洲奴隸貿易，以及英國殖民者在巴貝多、牙買加及其他島國廣泛建立的甘蔗種植園，保證了為它提供數量巨大並且價格便宜的蔗糖，糖在英國等歐洲國家才從奢侈品和稀有品變成日用品和必需品，這正是在崇禎末年到清初時期。而從十七世紀起，在歐洲，蔗糖的消費徹底超過了蜂蜜和其他糖製品。甚至糖的消費量還一度成了生活標準提升的標誌，「代表麵包從消費量的下降曲線，是靠糖和甜食的上升曲線來彌補的」。而對糖、茶、咖啡之類商品的徵稅，也為這些國家的財政貢獻了巨大的收益。

直到目前，英國和法國在飲食中都保持了濃厚的甜食傳統，如英國的下午茶和法國的餐後甜點；在美國，因食用甜食造成的肥胖已經成為巨大的社會問題。而高血壓、高血脂、高血糖也成為時下困擾眾多人群的健康殺手，各種蔗糖的替代品也層出不窮。

法國哲學家羅蘭・巴特說過：「食物有著雙重的意義，既是營養物質又是社會禮儀和規範；而它作為社會禮儀規範的一面，當人們的基本生理需要得到滿足之後，不斷變得越來越重要。」社會流行的飲食潮流和風尚，實際上更多地左右了我們的行為和選擇。想一想這幾百年來的歷史，與其說是人類在改變著飲食，不如說是飲食在改變著人類。尤其是現代食品工業被巨大的利益鏈、利潤鏈操縱者，又像是一頭巨獸，裹挾著各種添加劑和既得利益呼嘯而來，我們的選擇往往是被動的。

也許，我們與糖一樣，只是一粒小小微塵。

鴿子裡面包黃雀

因為祖籍江南，家姊會燒幾個淮揚風味的拿手菜，其中我印象最深的一個是「蛋餃」，一個是「釀豆腐」。

蛋餃就是雞蛋做的餃子，做法是雞蛋打散若干個，然後以盛飯用的金屬湯勺置於火上，待油熱後攤成雞蛋薄餅，再以拌過作料的肉泥做餡，在雞蛋尚未凝固時折攏一下，使之成為餃子，煎五秒鐘即成蛋餃。蛋餃用來燉菜，葷素搭配真是味道好極了。

而釀豆腐是以豆腐為原料，切成小方塊，每塊中間挖洞，以作料釀好的肉餡添之，入鍋兩面煎至金黃，取出後加油以生薑末和大蒜末炒香，再次入鍋以高湯煨至收汁，裝盤後即可食用。

這兩款菜肴的特點就是材料簡單易得，但比一般家常菜精緻。在物質生活不太豐富的年代裡，想起這兩款菜就會讓我口中生津，欲得之而大快朵頤。

我想起這兩款菜，是因為它們一個是雞蛋裡面包著肉，一個豆腐裡面釀著肉，對一般百姓家庭看說，得其一已經是難得的下飯好菜了，何況是二者兼而有之？

這使我想起武俠小說家古龍在《楚留香傳奇之大沙漠》中描述過的楚留香做客大漠之上，在龜茲王帳中，「只見四條精赤著上身的大漢，抬著條香噴噴的烤駱駝進來，龜茲王手持銀刀，割開了駱駝肚子，駱駝肚子裡竟還有條烤羊。羊肚子裡又有隻烤雞。……剖開雞腹，以銀刀挑出個已被油脂浸透了雞蛋」。龜茲王捋鬚大笑道：「此蛋最是吉祥，從來都只有貴客才得到的。」原來，所有東西都是鋪墊、都是「藥引」，所最尊貴者，原來就是那個小小的油浸雞蛋。

這裡面，實際上形成了一個類似中國套盒或者俄羅斯套娃的結構，大玩偶套著小玩偶，層層相套，裡面的東西可以發展到無限小。這在飲饌中都有著無數個例子。

錢鍾書先生在一九四五年寫就的《小說識小》一文中，引用晚清譴責小說《負曝閒談》裡面的主人公陸鵬誇言府裡的飯菜說：「有一隻鵝，鵝裡面包著一隻雞，雞裡面包著一隻鴿子，鴿子裡面包著一隻黃雀，味道鮮得很！」錢先生稱此實烹飪之奇聞。此說正與古羅馬的彼得羅尼厄斯在《諷刺小說》中相似，裡面有饌食曰「脫羅愛野豬」（Verres Trojanus），是「烤野豬腹中塞一牝鹿，鹿腹中塞一野兔，兔腹中塞一竹雞，雞腹中塞一夜鶯，重重包裹」。與陸鵬所言，無獨有偶。

巧的是淮揚菜中就有款名菜「三套鴨」，跟上述描寫很相像，秘訣就在於一個「套」字。它的最外面是一隻家鴨，家鴨肚中塞一隻野鴨，野鴨腹中再塞一隻菜鴿，中間的空隙裡塞進冬菇、筍片、火腿片，以砂鍋悶燉三個小時後起鍋，飄香撲鼻。可見《負曝閒談》中所載不虛。

實際上，這種中國套盒或者俄羅斯套娃結構的影響，不局限於餐飲界，在文學藝術方面也有著無數的事例。

二〇一〇年的諾貝爾文學獎獲得者巴爾加斯·略薩（Mario Vargas Llosa）在其《給青年小說家的信》中，就有一章名為「中國套盒」，深入闡發了這種故事套故事的寫法在文學中的應用。他列舉了阿拉伯名著《一千零一夜》，裡面的山魯佐德為了避免被薩桑國王絞死，每天晚上給他講一個故事，又每個故事留一個懸念，使得生命得以一天天的延長，直至國王被講故事的人征服，赦免她一死。這裡，聰明的山魯佐德運用的就是故事套故事、故事裡穿插故事的手法，從一個瞎子僧侶的故事中，引出四個商人，商人講述瘋病乞丐的故事，裡面有一個愛冒險的漁夫，漁夫又把在海上驚心動魄的經歷講給顧客們聽……故事彼此關聯，後者從屬於前者，一級、二級、三級，直至無限，使人欲罷不能。就這樣，山魯佐德不僅拯救了自己，也拯救了更多可能被國王殺害的無辜少女。

在巴爾加斯・略薩推崇的作家中，豪爾赫・路易士・博爾赫斯和胡安・卡洛斯・奧內蒂都是寫故事套故事的高手。博爾赫斯大家都很熟悉了，奧內蒂的《短暫的生命》據說是運用這種手法打破了虛構與現實的界限，能夠使人們分享更加廣闊的東西。

還有本奇書，名《哥德爾・艾舍爾・巴赫：集異璧之大成》，裡面介紹的版畫家艾舍爾的作品就以彼此關聯又變異的怪圈著稱，在有限中包含無限，有著很深的哲學內涵。不過這又上升到更高層次的「套盒」了，不說也罷。

好水

蟄伏二十年的小說家馬原出了一本長篇小說《牛鬼蛇神》，給他寫序的叫龍占川。這位龍先生在他的序裡寫了這麼一件事：

龍的父親二〇一一年被診斷出晚期胃癌，醫院的治療方案當然是手術、化療加放療。這時馬原找到他，說不能這樣治，這種療法是跟天作對，因為藥物和放療是對好壞細胞通殺，人體是天養的，包括腫瘤細胞。馬原的主意是讓龍把他父親交給他，讓他帶到海南或者其他有好水的地方，說好水不僅可以養生還可以救命，承諾三年內把健康的父親送回來。

有病不治，這不是要陷子女於不仁不孝之地？龍家哥幾個一商量，不能按馬原的法子辦。於是一番進口高昂藥物的緊急化療，幾個月後，醫生宣佈治療無效。還真應了馬原的說法，癌細胞沒殺死，好細胞卻遭到重創。

二〇〇八年，馬原也曾被診斷出肺部腫瘤，正當醫院準備進一步治療時，馬原奪路而逃。他的理論是，腫瘤與身體相依附，你不和它過不去，它也就與你相安無事；如果你動它，它就與你一損俱損。接著馬原跟著太太去了她的老家海南，每天都喝著天然潔淨的好水，騎著自行車鍛煉。四年過去了，好水救了馬原，他不僅健健康康地活著，還寫了這本長篇小說。

這其實與十多年前我讀過的柯雲路著作《新疾病學》的說法暗合：你憤怒時，你的所有細胞都在憤怒；你生病時，你的所有細胞也都在生病。因此，保持心情的愉悅是免於生病和治病的內因及關鍵。

而水不過是外因，但外因會通過內因起作用。中國人自來就重視水，老子說「上善若水」，這裡面固然有形而上的意義，但最樸素的含義還是對水的歌頌。唐人陸羽在《茶經》中說：「其水，用山水上，江水中，井水下。」明人顧元慶進一步解釋說：「山水乳泉漫流者為上，江水取去人遠者，江水取汲多者。」為什麼古人那麼看重山泉呢？《遵生八箋》的作者高濂道出了其中的原因：「石，山骨也；流，水行也。山宣氣以產萬物，氣宣則脈長，故曰山水上。泉非石出者必不佳。泉不流者，食之有害。」他接著說，「吾杭之水，山泉以虎跑為最。」但現在杭州虎跑天天人滿為患，恐怕早就沒了往日清洌。我想，馬原之所以跟著太太去了海南，就是因為那裡的山泉水人跡罕至吧。

《紅樓夢》中說女兒是水做的，曹雪芹把水看得更為高潔。第四十一回的「櫳翠庵茶品梅花雪」中，妙玉在櫳翠庵給寶玉、黛玉泡了兩杯茶，黛玉猜肯定是「舊年的雨水」，妙玉冷笑道：「你這麼個人，竟是大俗人，連水也嚐不出來。這是五年前我在玄墓蟠香寺住著，收的梅花上的雪，共得了那一鬼臉青的花甕一甕，總捨不得吃，埋在地下，今天夏天才開了。我只吃過一回，這是第二回了。你怎麼嚐不出來？隔年蠲的雨水那有這樣輕浮，如何吃得。」正合著李虛己的《建茶呈學士》詩句：「試將梁苑雪，煎動建溪茶。」其實，按照陸羽的理論，這埋在土裡在「死水」未必是好水。

明人張宗子記載與茶道名家閔汶水的交往，閔對水的要求更高。二人相見泡茶用的是惠泉，張宗子有些不信：「惠泉距這裡有千里之遙，難道水能不受震盪而保持甘美醇厚麼？」汶水回答說：「實不相瞞，我家取惠水，必定淘乾井水，等待夜深人靜時新泉汩汩流來，馬上盛滿大甕，甕底放上晶瑩山石。待有風時駕船而行，水不會晃盪而變熟。這樣即使尋常惠水比我這還要遜色，更別說其他水了。」

這種對水的講究其實是所來有自，被稱為「元四家」的倪雲林有些潔癖，一次與朋友談論詩文，泡茶待客，命僕人到七寶泉擔水，交代「前面那桶水用來泡茶，後面那桶水拿去洗腳。」朋友不解，追問原因，倪雲林說後面那桶水，肯定會被僕人的屁所污染，所以只好拿去洗腳啦！

看來，對好水的追求，已經融入到中國人的骨子裡了，所以農夫山泉摸準這一脈搏，打出的廣告詞是「我們不生產水，我們只是大自然的搬運工」。惜乎現在不被污染的水很難見到了，能找到好水那真是救命，終老至此也認了。

蟹命

稱人勇敢，往往用「敢於吃螃蟹」喻之，可見螃蟹之醜陋，人們原本是不敢吃的。中國人的美食探索精神一再向世人表明：如果有諾貝爾美食獎，我們亦是當仁不讓，並且擅長一邊吃蟹一邊吟詩，賈寶玉就是種子選手。

原先我還覺得李漁說自己「每歲於蟹未出之際，即儲錢以待，因家人笑予以蟹為命，即自呼其錢為買命錢」是有些矯情，但看到浙江省桐鄉市公證協會花公款十六萬元赴陽澄湖吃一頓大閘蟹，始信為真。二者皆以吃蟹為命，唯一不同的是，李漁是自費，桐鄉公證協會是公費而已。

螃蟹果真有如此大的魅力？怪不得聽說德國水域裡中華大閘蟹氾濫成災，德國人看著那些張牙舞爪的橫行之物束手無策，中國的吃貨們都摩拳擦掌，個個爭先要去幫德國人民消滅大閘蟹去。可以預見，如果中國組織赴德美食旅行團，幾周內便可將德國的大閘蟹剿滅至瀕臨絕種。

相比之德國，在中國想吃個大閘蟹真是不易。中秋時節，正是蟹兒肥的季節。而要想在中秋節當天吃上螃蟹，需提前二十四小時預約。撥通電話，是一家快遞公司，專事送蟹。據說第二天中午前因要貨的太多，無法保證送到，因而提議當天下午送，可放在冰箱中冷藏。看來只好如此。蟹送到，紙箱內放了一個製冷袋，和一瓶薑汁醋、一袋薑茶和一袋紫蘇，以及工具一套，計剪刀一個、小勺和錐子各一隻。按照送貨師傅的說法，把冷藏箱調至攝氏三度至六度，把大閘蟹放入，再蒙一塊濕毛巾，於是蟹們便可進入「冬眠」。此保存方法有誤否？我上網一搜，果真如此。第二天加工前，我前往查看，果真個個眼睛轉動、手腳靈活，挺配合的。

這些螃蟹公母各半，公蟹有蟹膏，母蟹有蟹黃，蘇軾詩云：「可笑吳興饞太守，一詩換取兩尖團。」尖者，公蟹也；團者，母蟹也。除了掀開蟹蓋，蟹黃蟹膏吃起來較為容易外，其他的就要借助工具「精雕細刻」了。話說這三件套的工具是最簡單不過的了，過去吃蟹一般也要「蟹八件」，更別說歷史上最複雜的六十四件工具了。

不過，我聽說過的螃蟹做法中，最妙的要數《金瓶梅》六十一回中常峙節的娘子做的「釀螃蟹」了。做法是：「四十隻大螃蟹，都是剔剝淨了的，裡邊釀著肉，外用椒料、薑蒜米兒、團粉裹就、香油煠過、醬油醋造過，香噴噴，酥脆好食。」這樣做的好處是省卻了剝螃蟹的麻煩，可以盡享螃蟹之鮮美；但對真正的老饕們來說，也許樂趣就在「鉤」、「索」、「挑」、「剔」的過程中，吃反而在其次了。

西門慶們吃螃蟹，只會悶頭大嚼，別無樂趣；而《紅樓夢》中吃螃蟹，就要吃出個風雅來。第三十八回「林瀟湘魁奪菊花詩，薛蘅蕪諷和螃蟹詠」中，寫海棠詩社成立後，第二次雅集就是吃螃蟹賞桂花——

「寶玉笑道：『今日持螯賞桂，亦不可無詩。我已吟成，誰還敢作呢？』說著，便忙洗了手提筆寫出。眾人看道：

持螯更喜桂陰涼，潑醋擂薑興欲狂。
饕餮王孫應有酒，橫行公子卻無腸。
臍間積冷饞忘忌，指上沾腥洗尚香。
原為世人美口腹，坡仙曾笑一生忙。

「寶釵接著笑道：『我也勉強了一首，未必好，寫出來取笑兒罷。』說著也寫了出來。大家看時，寫道是：

桂靄桐陰坐舉殤，長安涎口盼重陽。
眼前道路無經緯，皮裡春秋空黑黃。
酒未敵腥還用菊，性防積冷定須薑。
於今落釜成何益，月浦空餘禾黍香。

「眾人看畢，都說這是食螃蟹絕唱，這些小題目，原要寓大意才算是大才……」這些富貴閒人的做法，與當年「好鮮衣，好美食，好駿馬，好華燈」的沒落貴族張岱一樣，「余與友人兄弟輩立蟹會，期於午後至，煮蟹食之，人六隻，恐冷腥，迭番煮之」，都是有「蟹命」、精於此道的老手。但要與現今那些一頓吃掉十六萬元的螃蟹者相比，真是小巫見大巫了——那才是真正的吃貨。唯一遺憾的，就是太沒有詩意。

吃政治飯

老子說：「治大國如烹小鮮。」可見吃飯從來都是與政治的密切關聯的。關雲長溫酒斬華雄，一場廝殺下來，敵首落地，杯酒尚溫，展現了英雄的豪氣；趙匡胤杯酒釋兵權，借酒至半酣，不動聲色，拿下了重臣的軍權，加強了中央集權；項羽設下鴻門宴，卻因優柔寡斷而將江山拱手讓人；乾隆擺起千叟宴，那是為展示國運興盛、四海承平、天下歸心，按如今的話說叫作秀。多少事，假吃飯名義以行；又有多少交易，在飯桌上悄悄達成。所以，筷箸裡有深意，酒杯裡有政治，那些沒來由的吃飯或喝茶可不敢胡亂赴約，不小心「被吃飯」是要付出不菲的代價的。

吃飯還跟前途大有關係，「廉頗老矣，尚能飯否」，能吃飯，說明身體不錯，還能再幹幾年；官職也跟吃喝有關，國子監祭酒，那可是相當於國家最高學府行政首長職位的。

我的朋友于左寫了本《皇帝的飯局》，內分「政治宴」、「奢華宴」、「怡情宴」、「敗亡宴」四章，遍數了歷代皇帝擺下的飯局，山珍海味、秘製珍饈，歌舞相伴、極盡奢華，可是，那些飯大都吃得各懷心思、同桌異夢，有時甚至吃得兵戈相向、兇險畢露。可見這皇帝的飯輒尤其亂吃不得。

對皇帝來說，臥榻之旁不容他人酣睡，餐桌上豈能容得他人爭食？天下是朕的，朕吃的就是這個「獨食」。朕賞你吃一口，是你的福分；想覬覦朕的江山，那就沒有好果子吃。

但是，「王侯將相寧有種乎」，這江山你坐得，別人卻坐不得？一頓飯吃不好，就會被人抓住弱點，吃得丟掉江山。春秋時吳國的吳王僚就死在這個「饞」字上。

給于左同學補上這個例子：《史記．刺客列傳》載，吳王僚繼位後，公子光極為不滿，就與大臣伍子胥商議對策。他們發現吳王僚愛吃烤魚，就讓勇士專諸去跟太湖名廚師學做烤魚，伺機行刺。一次公子光宴請吳王僚，而吳王僚也做了充分的準備，不僅派侍衛嚴加盤查，每道菜還要詳細檢查，連送菜人都只能穿內衣半裸著跪地而行。而專諸先用各色作料醃製鱖魚，再在魚肚子裡裹上餡料，用木炭烤製。這樣烤製的鱖魚大老遠就魚香撲鼻，專諸則在魚肚子裡藏了把匕首。在吳王僚看到烤鱖魚而大快朵頤之時，專諸抽出魚腹中的匕首，刺死吳王僚，自己因而也被身後的侍衛刺死。公子光由此奪得王位，就是後來的吳王闔閭。因一條魚而丟掉一座江山，教訓可謂慘烈。

對古代帝王來說，飲饌絕非小事。《周禮》載：「膳夫，上士二人，中士四人，下士八人；府二人，史四人，胥十有二人，徒百有二十人。」光是廚師及打雜的就要一百五十二個人，專職伺候帝王。「凡王之饋，食用六穀，膳用六牲，飲用六清，饈用百二十品，珍用八物，醬用百有二十甕。王日一舉，鼎十有二，物皆有俎，以樂侑食。」每天的美味佳餚就要有一百二十種，還要奏樂以助天子多進餐。至於那上八珍、中八珍、下八珍，更是極盡奢侈，擺出了一副吃天下的勁頭。

知道帝王們愛吃，所以在屈原政治失意時，為楚懷王招魂，都不忘以食物相誘。他在《大招》中寫道：五穀堆了十幾丈高啊，桌上擺滿了食物。鼎中滿是煮熟的肉食，香味撲鼻又誘人。肥嫩的黃鶯鵓鳩天鵝肉，伴著鮮美的豺狗肉湯。魂啊，回來吧！美饌佳餚任品嚐。鮮美的大龜和肥雞，再加上楚國的乳漿。剁碎的豬肉、苦味的狗肉，再加點切細的香菜。吳國做的酸菜，濃淡正恰當。魂啊，回來吧！任你選擇哪樣。烤烏鴉、蒸野鴨，汆好的鵪鶉放案頭。炸鯽魚、煨山雀，如此佳餚爽人口。魂啊，回來吧！美味請你先品嚐。四重釀製酒已醇，味道純正不澀口，酒味清香宜冷飲，不能讓奴僕偷飲。吳國的白穀酒，再摻入楚國的清酒。魂啊，回來吧！不要害怕和慌張。

這菜單，活人看了都會垂涎三尺，相信鬼魂也會順著香味再到人世間走一遭的。

餐桌上，有頭有臉的人物以吃飯來搞政治，而對百姓來說最大的政治就是吃飽飯。管好自己的事，免得「鹹吃蘿蔔淡操心」；把事辦成，先要「生米做成熟飯」；不該問的別問，省得被斥為「吃飽了撐的」；而把事情搞砸，肯定會讓你「吃不了兜著走」；所以還是「好漢不吃眼前虧」，不能「敬酒不吃吃罰酒」……

何物最美味

天底下什麼東西最好吃？這可是個言人人殊的問題。

宋代美食家林洪有部《山家清供》的著作，酷似今天的美食小品，裡面記載了各種私房菜，其中就有個這樣一個問答。

北宋時，一次宋太宗問他的愛臣蘇易簡：「在各種寶貝食品中，什麼東西最珍貴？」蘇易簡回答：「食無定味，適口者珍。臣心裡就覺得齏汁味道最美。」宋太宗笑問什麼是「齏汁」？蘇易簡以善飲著稱，他說：「有一天晚上天寒地凍，臣在火爐邊痛飲燒酒，喝得酩酊大醉，隨後蓋著厚被子蒙頭便睡。夜半忽然口渴醒來，見滿院中月色映照著雪景，令人心爽，有個昨天放的剩菜湯的小甕被殘雪覆蓋著。我顧不上叫侍童，就捧起一把雪搓搓手，擊破上面的薄冰，一口氣喝了個肚圓。臣覺得此時就是上天的仙人廚子，做好上乘的鳳凰脯肉，也比不上這個味道美。」宋太宗笑而頷首，後來問那「齏汁」是什麼配方，蘇的廚子解答說：「把青菜剁碎，用麵條湯一煮，既解酒又止渴，真是好東西啊。」

你看，一碗菜湯就成了天下美味，夠風雅吧？

歷史上不乏別人覺得稀鬆平常的東西，在另一些人嘴裡卻成了珍稀美味。比如明朝的開國皇帝朱元璋，當皇帝之前逃過荒，飢餓難耐，兩個乞丐用白菜幫、菠菜葉、剩米飯、餿豆腐一起燉成大鍋菜，還美其名曰「珍珠翡翠白玉湯」，救了朱皇帝的命，也從此成了老朱朝思夜想的美味。後來在宮中，山珍海味吃遍，也不如這「珍珠翡翠白玉湯」，宮中御廚無論怎樣「仿製」也弄不出當初那種味道，還因此被殺掉幾個……這也說明，什麼東西最好吃確實是與當時的環境和條件密切相關的。

比如，現在名頭叫得極響的「東坡肉」，工藝、配料自然是極其精細，做好後是入口即化、肥而不膩，但它當初的誕生卻非是那般美妙。「淨洗鐺，少著水，柴頭罨煙焰不起。待他自熟莫催他，火候足時他自美。黃州好豬肉，價賤如泥土。貴者不肯吃，貧者不解煮，早晨起來打兩碗，飽得自家君莫管。」那是蘇東坡被貶「下放」到黃州時，工資都時常斷頓，當地人不會烹製豬肉，價格又極便宜，所以東坡居士才得以每天早上都能煮上兩大碗，吃得肚圓，所以至今留下的造像都是微胖的。你說是這什麼好食物？環境所逼而已。再如，同樣名氣很大的「東坡羹」，做法就是把蘿蔔、薺菜切細，取井水與玉糝一起煮爛，東坡稱之為「或非天竺酥酡，人間決無此味」。這是什麼美味嗎？不就是菜湯煮飯麼，徒安了一個美妙的名頭而已。但是在當時，這又是無法替代的美味佳餚。

袁枚在《隨園食單》中說：「貪貴物之名，誇敬客之意，是以耳餐，非口餐也。不知豆腐得味，遠勝燕窩；海菜不佳，不如蔬筍。」現在請客吃飯，好像不來個魚翅、海參不足以展示檔次、表達敬意，是典型的「耳餐」。魚翅，老百姓戲稱為「粉條湯」，吃起來寡淡無味沒有什麼樂趣。豈不知現在海貨市場魚龍混雜，這魚翅很多就是用明膠做成的，連粉條的營養都不如。水產協會的諸位大佬告誡我們，拒吃魚翅才是最大的浪費，吃了才對得起鯊魚們。這是什麼邏輯姑且不去講它，弄一碗不名味道的「檔次」來吃本身就是件很無聊的事。

說到底，什麼最美味本身就是見仁見智的東西。只要由著自己的性子，可以是小龍蝦，也可以是小雞爪，或者是鴨脖子，也不妨是豬頭肉，別管旁人怎麼說，自己吃著開心就好。

味極則淡

既然一碗剩菜羹都能被推為人間美味，那就說明就美食而言，菜品重要，環境和心境則更為重要。

在中華的美食菜譜裡，所謂食不厭精膾不厭細，豪華配料、濃油赤醬的名菜佳饌所在多有；但另一個方向，則講究保持食材的本真滋味，儘量少加人工雕琢，體現出一個「淡」字。

這，不僅僅是飲食，甚至上升到了哲學境界。

莊子說：「五色亂目，使目不明；五味濁口，使口厲爽。」所以，「君子之交淡如水，小人之交甘若醴。」

《呂氏春秋》言：「三群之蟲，水居者腥，肉玃者臊，草食者膻。臭惡猶美，皆有所以。凡味之本，水為最始。」

李漁《閒情偶寄》：「論蔬食之美者，曰清，曰潔，曰芳馥，曰鬆脆而已矣。不知其至美所在，能居肉食之上者，忝在一字之鮮。」

袁枚《隨園食單》：「求色不可用糖炒，求香不可用香料。一涉粉飾，便傷至味。」

很多食物，並非烹飪手藝多麼複雜，配料作料多麼齊全，看似因陋就簡，實則真意存焉。比如蘇東坡半生在貶謫異地中度過，但他懂得欣賞美食，也懂得人生真趣。林洪《山家清供》中載：夏初時山林中的竹筍生長正旺盛，刨出一個，掃竹葉在小徑中點燃煨熟，其味甚鮮，名曰「傍林鮮」。蘇東坡的表兄弟文與可善畫竹，此時正擔任臨川太守，一日正與家人煨筍午飯，忽得東坡來書，詩云：「想見清貧饞太守，渭川千畝在胸中。」看後不覺噴飯滿案。林洪寫道：「大凡筍貴甘鮮，不當與肉為友。今俗庖多雜以肉，不才有小人，便壞君子。若對此君成大嚼，世間哪有揚州鶴，東坡之意微矣。」

竹筍貴淡貴鮮，不當與肉為友，不正襯托了蘇東坡的高潔人品麼？

所以，我平生所喜食物，皆淡。甜者勿太甜，鹹者勿太鹹，香者勿太香，鮮者勿太鮮。如此，方覺心境平和，有復歸大自然之感。

甜得讓你吃幾口就膩，辣得使人口舌麻痹味覺全無，自然麼？正常麼？而不自然不正常，也就長久不了。幼時看見爆爆米花，往往只放一兩粒糖精，爆好的米花甜度稍欠；心想，如果一瓶全放裡面，豈不更加甜酥可口？事實非也，放多了反而變成全苦。同樣，鮮花提煉的香水，若噴少許，準保馨香怡人；倘在屋裡摔碎一瓶，那這屋子肯定沒法待。新鮮的鱖魚必定以清蒸為上選。何也？如此清淡，方才現出鱖魚自身味道的鮮美。

交友亦然。君子之交淡如水。我雖不敢妄稱君子，交友也多不勾肩搭背、如膠似漆。有空多見見，無空各忙各，話題共同則深入交談，閒來無事則敘敘家常。用不著什麼拜把子、結金蘭，也不用一日不見如隔三秋，動輒把心窩子掏出來給你看。該義則義一點，該疏則疏一點，整天价耳鬢廝磨受不了，見面必推杯換盞亦焉能不煩？緣分未到，任你怎麼交往也深不到哪裡去的。

朋友問我喜何等文章，答曰：若周作人、孫犁之作，淡而有味。朋友則相反。說絢爛之極始歸於平淡，他正在絢爛年紀，自然不喜平淡。我倒以為，把文章寫得絢爛相對容易，堆砌可矣；倘若歸於素樸，用大眾習見的字句寫出高妙文章，則非聖手不能為。

中國文化向來推崇「舉重若輕」，如老子的「治大國如烹小鮮」者然。別人看來天大的事，他則輕描淡寫；外人覺得了不起的東西，他則視為小技。一個「淡」字，寫盡「卻道天涼好個秋」之意。

淡，重在心境。心存雜念之人，是無論如何也體驗不出淡的滋味的。

有所不食

二〇一二年五月，一個幽靈，一個讓吃貨抓狂的幽靈在中國上空徘徊。那就是央視紀錄片《舌尖上的中國》。

一部熱播得一塌糊塗的電視片竟有如此多的功能，也是超出人們想像的：它是一曲食物與大自然的讚美詩，它又是一部真正的愛國主義教育片，它的廣告作用快速拉動了各種珍稀食材的銷售，它又讓各地吃貨憤怒聲討為何鏡頭對準本地如此之少，它勾起飽受西餐折磨的海外遊子的濃濃鄉愁，它又使多少老外流著哈喇子競相聞香蜂擁至我泱泱中華……

美輪美奐的畫面加上那飽含肉汁的解說，讓吃貨們夜半看來總要弄些什麼來吃吃方才解氣，以至於讓我們從現實環境中暫時抽離，忘記自己實際生活在地溝油、毒奶粉、三聚氰胺、蘇丹紅、二噁英、工業鹽、皮鞋膠囊、垃圾豬包圍的國度，用美好回憶、崇高想像來麻痹一下自己，進而生出一種在美食國度無比自豪無比暈眩的幻覺當中。

其實這部片子還欠缺一個重要的側面，那就是中國人對各種可吃領域進行勇敢探索時所付出努力和代價。中國人什麼都會吃、什麼都敢吃是世界聞名的。以至於我們面對任何活物，第一感覺就是這東西能不能吃、怎樣烹調味道才更好，所以中國人的食譜比其他國度都要寬廣得多。以廣東人為代表的老饕們仍然在做著無盡的探索，俗話說「帶腿的不吃板凳，帶翅膀的不吃飛機」，無所禁忌，各種匪夷所思的動物都變著法兒的進了中國人的肚子。

所以廣州成為世界聞名的野味集散地，各種珍稀動物都有人敢冒大不韙走私、販運到這裡，什麼活啄猴腦、文火王八、生提驢肉、火激鵝掌等都是這邊的拿手好戲；更別說那傳統的八珍了，什麼駝峰、熊掌、猴腦、猩唇、象拔、豹胎、犀尾、鹿筋等等，在做法上更是煎、炒、烹、炸、蒸、溜、涮、燉、燜、煮、烤、燴、燻、氽樣樣俱全，什麼活物都能烹飪得色香味俱全。然而大自然的報復也會頻頻而來，著名的SARS氾濫全球就是首先由廣東人食用果子狸引起的。

人類是這個世界上食物鏈的最頂端，所以在食物的選擇上，我們需要多一些對大自然的敬畏，多一些對其他動物的敬畏，畢竟地球是各種生物共生的。對待動物，是要有一些人道主義以至畜道主義的。譬如，外國人對中國人吃狗肉是頗有看法的，覺得狗是人類的朋友，食用自己的朋友這種做法很不地道。但他們不知道，中國人吃狗肉已有數千年的歷史了。

在《周禮》中，規定為天子做飯的廚子要會做馬、牛、羊、豕、犬、雞這六畜，會做麋、鹿、熊、麇、野豬、兔這六獸，會做雁、鶉、鷃、雉、鳩、鴿這六禽；《呂氏春秋》中更是記載「肉之美者：猩猩之唇，獾獾之炙（烤肉），雋燕之翠（鳥尾），述蕩之掔（肘子），旄象之約（象鼻）。魚之美者：洞庭之鱄，東海之鮞，醴水之魚（朱鱉），雚水之魚（鰩，若鯉而有翼）。」這個食譜，既極具想像力，又使自然界的各種珍稀動物們無處躲藏，化為盤中之物進入了我們的肚腸。

有些人出國幾天，就會腸胃不適，西餐肉類的單調和烹調方式的單一，會讓遊子深深思念起故鄉的飲食來。說起源頭，信奉基督教的西方多數國家都按《聖經》規定，有諸多禁忌，比如，「耶和華吩咐他說：『園中各樣樹上的果子，你可以隨意吃。』」（《創世紀》二章十六節）「可吃的牲畜就是牛、綿羊、山羊、鹿、羚羊、麅子、野山羊、麋鹿、黃羊、青羊。」（《申命記》十四章五節）「唯獨肉帶著血，那就是它的生命，你們不可吃。」（《創世紀》九章四節）「雀鳥中你們當以為可憎、不可吃的乃是：雕、狗頭雕、紅頭雕、鷂鷹、小鷹與其類；烏鴉與其類；鴕鳥、夜鷹、魚鷹、鷹與其類；鴞鳥、鸕鷀、貓頭鷹、角鴟、鵜鶘、禿雕、鸛、鷺鷥與其類；戴鵀與蝙蝠。」（《利未記》十一章十三至十九節）而這些動物，很少不出現在中國人的食譜上的。對比上面兩份食譜的，你一定會對中國人在食物上的探索精神深深震撼的。

老祖先在吃的方面也是有忌諱的，比如孔子說：「色惡，不食；臭惡，不食；割不正，不食；不得其醬，不食。」這更多的是講究吃的檔次和精緻，而不是對食物的選擇和勸阻。

所以，現代的飲食觀首先就在於有所食、有所不食。現在的白領當中，素食正在成為一種潮流。這其實只是對食物的一種選擇，但能看出人們對過去某種生活方式的深深懺悔。不管選擇什麼，我們都應該對大自然充滿敬畏，對同樣存在於地球的動物充滿敬畏，對上蒼提供的食物充滿敬畏。從現在起堅守底線，既要吃得豐富，又要吃得健康、文明，這樣才能不坐吃「球」空，不讓外人、後人罵我們。

食之粗鄙

飲食，到達一定境界，定是以精緻為追求目標的，這樣才有文化含量嘛。對食者如此，對庖人亦復如此。

然而，在精美的飯食之後，往往有我們看不到的粗鄙一面。且不說前一陣子新聞媒體爆出來的肯德基的供應商「六和雞」實際上就是靠各種抗生素、激素支撐的「藥雞」，連歐洲的牛肉都被堂而皇之地用馬肉代替了。讓人想起我們常吃的烤羊肉串，實際上多是用鴨肉串在羊尿中涮了涮，增加了點羊臊味而已！單單一般飯店不敢讓人進入後廚，就頗讓人思量。所以國外有透明開放式廚房，專供人在清晰明白中消費。這招在國內雖有引進，但畢竟沒有遍地開花，可見餐廚一技透明之難。

難道廚藝神乎其技者，必有我們不可寓目的奇妙手段？

這讓人記起清人陳其元《庸閑齋筆記》的一則記載，他的祖父講過這樣一個故事：嘉慶初年，在四川一個驛站遇到福文襄郡王到邊區巡幸，各州縣自然是好吃好喝極力巴結。王爺喜歡吃白片肉，而且必須是用全豬煮爛味道才好，於是設一大鑊，投全豬於中煮之。還沒煮熟，而打前站的就到了，說王爺馬上就到，因為距住宿地尚遠，所以一到即刻吃飯，以便趕路。無奈豬肉尚未熟透，廚師大窘，忽然登上灶臺解開褲子，往鑊中撒了泡尿。旁人大驚，忙問其故，廚師答曰：「忘帶皮硝，以此代之。」一會兒郡王駕到，馬上吃肉，尚未吃完，忽然傳呼某縣辦差人，旁人驚出一身冷汗，想著必發覺「其味有臭矣」。誰知王爺竟連聲誇獎，一路上的煮白肉沒有像此驛站這麼味道鮮美的，乃獎賞辦差者綢緞褂料一副！

你道是奇也不奇？一泡尿撒出個味道鮮美的白片肉！

當然這不是為鴨肉涮羊尿而辯白。想來這廚師知道皮硝能夠熟製動物毛皮，使之柔軟易爛，因而在燉製肉類時經常加少量使用，而尿的某些元素正好能起到相似作用。這一經驗使然，才有了小便燉全豬的笑談。

作家莫言在小說《紅高粱》中，也描寫了一群釀酒工在高粱酒中「撒了泡尿」而成就了遠近聞名的「十八里紅」的奇蹟。那高粱酒「香氣馥郁、飲後有蜂蜜一樣的甘飴回味、醉後不傷大腦細胞」，而且是「家傳秘方」，絕不輕易洩露，「傳出去第一是有損我家的名聲，第二萬一有朝一日後代子孫重開燒酒公司，失去獨家經營的優勢」，言之鑿鑿，讓人真假莫辨。但是小便中的皮硝也能讓高粱在釀造中產生某種奇妙的化學反應？這就要請教專業人士了，或許這只是「小說家言」也未可知。

但是那位陳其元先生記載，小便的確有很多功用，他以自己的耳濡目染告訴我們：「淮甸蝦米貯久變色，浸以小便，即紅潤如新；河南魚鮓在河上斫造，盛以荊籠，入汴，道中為風沙所侵，有敗者乃以水濯，小便浸一過，控乾入物料，肉益緊而味回。」其間原理，似乎既有化學的也有物理的變化。所以，蝦米、魚鮓，這些食物「江南人家均珍為美味，習而不察，無乎不可也。」

知道這些內幕，並不是讓我們吃食物時猜測裡面有「小便」而變得心安理得，只是說明歷史上的飲饌曾經有那麼些片段是這樣的粗鄙。而隨著科學技術和衛生觀念的進步，這些都很難存在於我們的生活中。但從時不時冒出的馬肉冒充牛肉、鴨肉偽裝羊肉的事件上看，要想真正禁絕恐怕還須些時日，仍是小心為妙。

夜市的剎那芳華

鄭開大道開通後，鄭州人晚上的活動項目之一，就是到開封吃夜市。

夜幕四合、華燈初上，彷彿眨眼之間，開封鼓樓夜市便佈滿了各式小吃攤點，驢肉火燒、雙麻火燒、羊肉炕饃、灌湯包子、炒窩窩頭、桶子雞、燒板腸、醬牛肉、五香羊蹄、燜羊肉串、黃燜魚、香辣蟹、雙腸湯、肚肺湯、餛飩、杏仁茶、油茶、豆沫、胡辣湯、冰糖梨、江米切糕、花生蘸、菊花火鍋等等，不勝枚舉，真讓人大快朵頤，你哪怕每個攤點只略微吃一點，沒有幾個晚上也是吃不過來的。

要說這開封的夜市，最興盛時是在北宋。那時開封是帝都東京，也是當時世界上最為繁華的都市。據孟元老在《東京夢華錄》裡記載，當時夜市最有名的是州橋夜市和馬行街夜市。「出朱雀門，直至龍津橋。自州橋南去，當街水飯、爊肉、乾脯。王樓前獾兒、野狐肉、脯雞。梅家鹿家鵝鴨雞兔、肚肺鱔魚、包子雞皮、腰腎雞碎，每個不過十五文。曹家從食。至朱雀門，旋煎羊白腸、鮓脯、爑凍魚頭、薑豉、䱇子、抹髒、紅絲、批切羊頭、辣腳子、薑辣蘿蔔。夏月麻腐雞皮、麻飲細粉、素簽沙糖、冰雪冷元子、水晶皂兒、生淹水木瓜、藥木瓜、雞頭穰沙糖、綠豆甘草、冰雪涼水、荔枝膏、廣芥瓜兒、鹹菜、杏片、梅子薑、萵苣、筍、芥、辣瓜旋兒、細料餶飿兒、香糖果子、間道糖荔枝、越梅、離刀紫蘇膏、金絲黨梅、香棖元，皆用梅紅匣兒盛貯。冬月盤兔、旋炙豬皮肉、野鴨肉、滴酥水晶鱠、煎夾子、豬髒之類，直至龍津橋須腦子肉止，謂之雜嚼，直至三更。」後面一章更是專門記錄各色飲食果子，百十種食品名稱繁多，現代人已多不知當時所謂何物。

要說熱鬧，馬行街北邊的夜市比州橋夜市更勝一籌，「車馬闐擁，不可駐足，都人謂之裏頭」，「市井經紀之家，往往只於市店旋買飲食，不置家蔬」，跟現在一樣，飯店遍地方便得一般稍有進項的家庭都不自己做飯。到了冬月，雖有風雪陰雨，夜市照常營業。在新封丘門大街，兩邊的商戶鋪面綿延十多里，「縱橫萬數，莫知紀極」，「夜市直至三更盡，才五更又復開張。如要鬧去處，通曉不絕」。到了三更，還有很多提著開水瓶賣茶水的，因為一些專辦公私事務的各色人等，要到深夜方歸。

從消費層次上，各種收入者皆可各得其所。講排場的可去高檔酒樓，而東京的酒樓可稱得上是「彩樓相對，繡旆相招，掩翳天日」，豐樂樓、宜城樓、班樓、劉樓、八仙樓、戴樓、長慶樓，不一而足，「在京正店七十二戶，此外不能遍數」，其餘都叫「腳店」，專賣貴細下酒，迎接中貴飲食。而且「凡百所賣飲食之人，裝鮮淨盤合器皿，車簷動使，奇巧可愛，食味和羹，不敢草略。其賣藥賣卦，皆具冠帶。其士農工商、諸行百戶，衣裝各有本色，不敢越外」。衛生品質是有保證的，穿著打扮都有專業要求。

這種繁盛的市井景象、濃濃的人間煙火味，吸引得當時的皇帝老兒都耐不住寂寞，偷偷溜出宮來，去沒去馬行街夜市不知道，但夜半去找名妓李師師了。周邦彥在床下偷聽到了李師師與宋徽宗的對話：「低聲問，向誰行宿？城上已三更。馬滑霜濃，不如休去，直是少人行。」

估計周邦彥聽完備受打擊，馬上溜回夜市，用狂吃亂嚼來撫慰自己那顆受傷的心了。

富家廚娘

有朋友告訴我，最近公司有一喜事，某世界五百強公司的區域高管欲跳槽過來，說明自己公司的競爭力、吸引力在增強云云，問我可否接納。我說當然可以接納，但你要對自己公司目前的發展階段做一評估。你現在戰略、管理、銷售、談判、公關、廣告什麼都是一腳踢，恐怕對人才的要求也是全能，而很多外企員工只是流水線的一顆螺絲釘，只做過、也只會做某方面的工作，未必能適應你的需求。就像你府上突然來了個蔡京家的廚娘，你覺得肯定是好事，會奉若上賓，但如果她只會切蔥絲，你不就傻臉了麼？

朋友願聞其詳，我就給他講了三個小故事。

其一，載宋代羅大經的筆記《鶴林玉露》。有個名士在京師買了一妾，自稱在曾任宰相的蔡京蔡太師府中包子廚中任職。名士自然大喜：咱也能吃上蔡太師家裡的包子啦！某日令其做包子，答曰不能。詢問她：「你既是包子廚中人，何為不能做包子？」對方回答說：「妾在包子廚中專門負責切蔥絲，別的不會。」名士當即傻臉。

其二是清代梁章鉅《歸田瑣記》中所載。雍正年間，年羹堯由大將軍貶為杭州將軍後，姬妾皆星散。有個杭州秀才，買得一姬做妾，聽說她在年府專管飲饌，心想以後有口福了。但她說自己只負責小炒肉一味，其他事均不管。年羹堯每次吃飯，必於前一日呈進食單，若點到小炒肉，則須忙得半日，但數月也不過一二次。秀才說：「那你何不為我一試？」此姬嘲笑他說：「酸秀才，說得容易，年府中一盤肉，須一隻肥豬，任我擇其最精處一塊用之。你家每次買肉也就一兩斤，讓我如何下手？」秀才聽後不禁黯然。一天，秀才大喜，對她說：「村中每年有賽神會，每次照例會用一頭豬，今年是我值首，這頭豬供我調遣，你可以露露手藝啦！」屆時，果然抬回一頭全豬。此姬看後，頗不滿：「我在年府中所用的都是活豬，你這是死豬，味道肯定大減。算了，我試試吧。」於是勉強割下一塊肉到了廚下。那秀才在房中煮酒以待。很久才捧進一碟，讓秀才先嚐一下，又進廚中忙活。一會兒進房，卻見秀才已癱軟於地、奄奄一息了。仔細察看，原來是秀才連舌頭一起咬下，吞進肚子裡了。

其三，是清代梁紹壬《兩般秋雨庵隨筆》裡的。明代名士冒辟疆準備在水繪園大宴天下名士，先請了一位有名的廚娘。廚娘問：「酒席有三等，主人預備要哪一種？」問這三種有啥區別？答曰：「上等酒席，須羊五百隻，中席三百隻，下席一百隻，其他物品相配套。」主人聽後說：「上太費，下太簡，中可也。」於是按其要求備物以待，看她如何處理。這天，廚娘駕到，你看她領各式幫手百十人，自已則珠圍翠繞，高座指揮。先牽來那三百隻羊，每隻割下唇肉一片備用，其餘皆棄之不用。問她為什麼？答曰：「羊肉的精華全集中於此，其他的都腥臊沒法用。」聽者都錯愕不已，沒想到這個廚娘竟豪奢至此！

朋友聽過這三個故事，也黯然陷入深思：世界五百強，那可是要有五百強的資源配置。聽著好聽，他要是動輒拿三百隻羊的配置，而且只用羊唇，那不得把我的公司拖死？如果他一年只幹一件漂亮事，用一頭活豬做一次小炒肉，也算我沒白請；倘若他只會切蔥絲，那我豈不是連包子也吃不上麼？

隨後他說：罷了，看來這人我還真不敢隨便用。

南宋的國宴

日日思歸飽蕨薇，春來薺美忽忘歸。
傳誇真欲嫌荼苦，自笑何時得瓠肥。

採採珍蔬不待畦，中原正味壓蓴絲。
挑根擇葉無虛日，直到開花如雪時。

這是淳熙三年陸游在范成大幕中時寫的兩首詩。閒居無事，漫步山野，覺得薺菜等野菜的味道也不錯，不亞於蓴菜、瓠瓜。

陸游是兩宋最高產的詩人，僅流傳下來的詩就有九千餘首，其中有關飲食的就有百餘首。想來陸游也是身處江湖而心繫廟堂，日日惦念著「王師北定中原日」。所以在他的筆記中既能見到典章制度，又能見到皇家飲食。在陸游的《老學庵筆記》裡，就有一份淳熙年間的國宴菜單，那是南宋皇帝招待金國使者的御宴菜單，極為難得，是認識當時生活水準和狀態的第一手資料：「集英殿宴金國人使，九盞：第一，肉鹹豉；第二，爆肉、雙下角子；第三，蓮花肉油餅、骨頭；第四，白肉胡餅；第五，群仙炙、太平畢羅；第六，假圓魚；第七，柰花索粉；第八，假沙魚；第九，水飯、鹹豉、旋鮓、瓜薑。看食：棗餶子、膸餅、白胡餅、環餅。」（與通行本不同，按照我的理解，重新做了標點）

兩宋時期，經濟發展迅速，百姓生活也極為豐裕，雖然金國屢屢進犯，最後以至於國都南遷，半壁江山淪落，但市場繁榮景象不減。從孟元老筆下《東京夢華錄》中的東京汴梁到周密《武林舊事》中的臨安城，街巷上酒樓食肆熱鬧非凡、各式店鋪商品琳琅滿目，煎炒烹炸酒肉果品、真珠匹帛香藥鋪席、博易估衣花環領襪一應俱全，乃是當時世界上最繁華的大都會。無怪乎宋朝南渡後，孟元老帶著滿懷的傷感寫下了《東京夢華錄》，從此也創造了夢華體，後世的《都城紀勝》、《西湖老人繁盛錄》、《夢粱錄》、《武林舊事》、《如夢錄》等無不是繼承它的衣缽，帶有淡淡的傷感來回味逝去的繁華勝景。

與陸游筆記中的國宴功能表相對比，《武林舊事》中記載紹興二十一年十月宋高宗駕臨清河郡王張俊的府第，那排場比國宴更大，光是吃喝招待，就先是「繡花高飣八果壘」，再來「樂仙乾果」十幾種、「縷金香藥」十幾種，接著是雕花蜜餞十幾種、砌香鹹酸十幾種、臘脯十幾種、垂手八盤子，然後是各種切時果、時新果子，其後才是下酒菜十五盞，每盞兩道菜，各式山珍海味、大魚大肉，後面有插食十盞、勸酒果子庫十番、廚勸酒十味、對食十盞，再後還有晚食五十分、大碟下酒、合子食、時果十隔碟等等，真讓人歎為觀止。

與此相比，招待金國使者的國宴可以說是頗為簡陋，只有九盞菜。時隔九百年，對這些吃食的稱謂，現在的人們都很隔膜，能查到的一些解釋，也多穿鑿附會、缺少依據。現根據我學習伊永文箋注的《東京夢華錄箋注》（中華書局二〇〇六年版）的體會，加上自己查找到的資料，來重新做一個詮釋，以讓大家明白這些菜都是哪些東西。

集英殿是皇帝舉行御宴的場所，葉夢得《石林燕語》中說：「集英殿，舊大明殿也。明道中改今名，每春秋大燕（通宴）均在此。」所以，兩國交兵，大宋又屢屢敗北，放在這裡吃飯是很給金國使者面子的。宋時，多為分餐制，每人面前一張案子，各道菜分別上到各人面前。這九盞，就是用九個大盤子上菜，按照御宴的模式，是每盞大都為兩道菜。

第一盞，是肉鹹豉。金國是女真人，以狩獵為主，當然喜歡吃肉。《東京夢華錄》裡記載過多處「鹹豉」、「鹽豉」、「鹽豉湯」等菜點，元代《居家必用事類全集》裡記載過「素食鹹豉」的做法。而元代《事林廣記》中就載有「肉鹹豉」的詳細做法：把一斤精肉切成骰子狀，加鹽一兩半攪拌，用四兩生薑切成薄片放油鍋內炸一下，用剁爛的豬油炒一斤豆豉；將肉放在鍋內炒，再下豆豉、薑、橘皮，再下馬芹、花椒，加入濃湯，待湯收乾後即可使用。除了肉多、豆豉多之外，看不出這個菜品有何特殊之處，竟然還是頭道菜。

第二盞，爆肉、雙下角子。這兩種食品，在《東京夢華錄》的卷九中「天寧節」也就是皇帝的生日裡是御宴上的必上菜。爆肉，實際上是肉的一種做法，類似現在的回鍋肉，現在川南一帶還把回鍋肉叫作「爆肉」。它的做法是，把熟肉切成膾，與竹筍絲、茭白絲一起投入熱油中爆香，以少量醬油、酒澆之，再加上花椒、蔥，翻炒即成。雙下角子，就是我們現在的餃子，《東京夢華錄》裡有「雙下駝峰角子」，與此相仿；元代胡思慧的《飲膳正要》裡有「水晶角兒」、「撇列角兒」、「時蘿角兒」是餃子的另外幾個品種。同樣是寫宋時生活的《金瓶梅》中，潘金蓮在武大郎死後等待西門慶時，就是蒸好角子捨不得吃，僕女迎兒偷吃還挨了頓打。說明角子是有了貴客才能吃到的。那時的角子與與現在的餃子區別在於，在和麵時要加入些豬油或羊油，這樣才能使餃子吃起來更筋道、肥美。至於雙下，應該是兩種不同的餡料，比如葷和素。

第三盞，蓮花肉油餅、骨頭。《東京夢華錄》中有「蓮花肉餅」，是一種帶肉的餡餅，拼擺成蓮花狀，烤至金黃色；《事林廣記》中載肉油餅是用白麵與羊脂、豬脂的碎丁一起和製，再加上羊骨髓，包肉餡後烤熟。而骨頭，在《居家必用事類全集》裡載有下飯的「骨炙」，就是用帶肉的羊骨頭先放在沸湯中浸煮，再撒些酒，放在火上烤製。啃著肉骨頭吃著蓮花肉油餅，應該是別有風味。

第四盞菜，白肉胡餅。白肉即煮好的未加帶色作料的熟肉；胡餅，「胡」通常指西域和北方邊陲的廣大地區，宋代黃朝英的《緗素雜記・湯餅》中說：「蓋胡餅者，以胡人所常食而得名也。」明代蔣一葵在《長安客話・餅》中介紹：「爐熟而食皆為胡餅，今燒餅、麻餅、薄脆酥餅是也。」還有一種說法是此餅與胡麻有關，是在烤製的麵餅上面撒上胡麻，亦即後來所言的芝麻，因而名為胡餅。現在的遺存就是近似陝西的鍋盔和新疆的饢，比燒餅個大，能存放很長時間，可以剖開在裡面夾肉或菜。這個白肉胡餅很可能就是燒餅夾肉。

第五盞菜，群仙炙、太平畢羅。這兩種菜在《東京夢華錄》裡的皇帝御宴裡常見，群仙乃是八仙之類，比喻品種多，炙是烤肉的一種做法，合而為多種烤肉的拼盤，《事林廣記》中記載多種炙肉法，都是用籤子串肉後加上各種作料烤製；而太平畢羅中的太平是形容詞，是吉祥意，《玉篇》裡講「畢羅，餅屬」，而在李濟翁《資暇集》中所載：「番中畢氏、羅氏好食此味，今字從食，非也。」《太平廣記》引用《盧氏雜說》為「翰林學士每遇賜食，有物若畢羅，形粗大，滋味香美」，劉恂《嶺表錄異》說用蟹黃「淋以五味，蒙以細麵，為蟹畢羅，珍美可尚」，段成式《酉陽雜俎》也曾說「韓約能做櫻桃畢羅，其色不變」，可知這個畢羅是一種有餡的麵食，既可包裹水果，也可夾以蟹肉、羊腎、豬腰等等，烤製成可口的麵點。

而第六盞和第八盞菜，假圓魚、假沙魚要放在一起來說。人們看到此都會有很大疑問：皇帝的御宴，連真圓魚和真沙魚都吃不起麼？其實這裡有個飲食習慣問題。在《東京夢華錄》的「飲食果子」一節裡，記載有假河魨、假圓魚、假野狐、假炙獐、假蛤蜊等。做假河魨人們能理解，因為河魨雖然味美但有劇毒，加工、烹調失誤者往往會斷送了食者的性命，所以有「冒死吃河魨」一說。而圓魚是甲魚的別稱，沙魚則是一種長喙如鋸的魚類，肉質鮮美，這兩種魚類也不能吃麼？元代的《事林廣記》的「飲饌」項內記述了多種假蛤蜊、假白腰子、假熊掌、假沙鱔的做法，多是用羊肉、豬肉或魚肉剁碎，與綠豆粉和勻壓實，做成造型，調製成近似的味道，既享受此類食物的美味，又不冒什麼風險，還使食材來源簡單易得，可謂是一舉多得了。

第七盞的柰花索粉，也是一種口味的調劑。柰花，楊慎《丹鉛錄》載：「《晉書》都人簪柰花，即今末利花也。」即如今的茉莉花也；索粉就是用綠豆粉或大米做的粉條、粉絲，《易牙遺意》中記載有索粉的具體做法，跟如今農村手工製作粉條基本相同，現在福建莆田還有一種名吃叫「菜丸索粉」。這裡的柰花索粉是把茉莉花作為金銀花一樣的食物，做成可口的粉條湯，講究的是色香味俱全。

第九盞，水飯、鹹豉、旋鮓、瓜薑。水飯，俞樾在《茶香室叢鈔》中引《金華子雜編》中「我未及餐，爾可且點心，止於水飯數匙」，說水飯即粥也，「今南人多於早晨吃粥，此古風矣」；鹹豉，就是帶有豆豉的佐粥鹹菜；旋鮓，旋，乃新鮮義，是把切細的蔬菜醃製、涼拌的爽口小菜；瓜薑，也是一些醃製的黃瓜生薑之類的下飯小菜。

看食：棗餶子、髓餅、白胡餅、環餅。看食就是一些點心類的食品，一般是拘於禮儀略嘗輒止，所以叫「看食」。這棗餶子就是棗饃，髓餅是烤製的甜點，白胡餅是不帶芝麻的燒餅，環餅就是饊子。《東京夢華錄》中皇家宴會中有棗塔，想必與棗餶子一樣都屬於多棗類麵食；髓餅、環餅在《齊民要術》中都有詳細的做法，髓餅裡面含蜜和髓脂，是一種烤製的甜麵點；環餅則是油炸的饊子，吃著香甜還利於存放，是吃過酒席後點綴席面的麵食。

看了這份九盞十八道菜的國宴菜單，我們都會啞然失笑，心想南宋時的御廚手藝、國宴水準不過爾爾，別說跟現在的婚禮宴會相比有差距，還不如我們日常招待朋友的宴請規格呢！

唐朝的巴達杏

現在的孩子多電子玩具，他們可能不知道，生活在物質貧瘠時代，杏核曾是我們幼時形影不離的玩具。那時我們常玩的遊戲就有一種叫「擲杏核」——兒時夏季的胡同裡，總會有幾個男孩子在地上放半塊磚頭，上面放滿了杏核，在一米開外的地方劃一條線，大家就站在那裡用一個大點的杏核（稱為「老母」）擲向杏核堆，誰砸下的杏核就歸誰，砸下最多的為贏。我記得，那時有一種杏核是不能參與比賽的，那就是「巴達杏」，因為它的杏核比別的個頭都要大些。為什麼同樣是杏核，巴達杏就不讓參加呢？我也搞不明白，可能是有違公平競爭的精神吧！

那時的夏天是常常吃杏的。杏果實乾麵，甜甜酸酸的，雖然口感不像桃子那樣清脆，但作為桃的近親屬，還是有很多人喜歡吃的。小時候有「桃養人，杏傷人，李子樹下躺死人」的說法，是說杏不能多吃，李子更是少吃為妙，桃子則可多多益善。這是因為中醫認為，桃子營養豐富，能補中益氣、潤腸通便；杏肉味酸性熱，有小毒；李子雖性溫，多食則會引起潮熱多汗、心煩發熱。不過，現在確實是賣桃子的多，而杏和李子則少見了。

現在的餐桌上，杏仁多是與以苦菊或芹菜拌為涼菜，清涼爽口。印象中的杏仁都是個頭較小，眼下多是做成了杏仁露；而杏肉，也大都加工成了杏乾和果脯。

一晃三十年過去，我早忘了巴達杏，巴達杏卻自己找上了門，勾起了我的記憶。前些時，關於美國大杏仁的報導成了一個新聞熱點。原來，市場上熱賣的炒貨——美國大杏仁根本就不是杏仁，而是扁桃仁！它學名為巴旦木，就是過去俗稱的巴達杏。普通杏仁每斤只賣二三十元，而「美國大杏仁」則身價翻了幾番，賣到每斤近五十元，六年時間多賺了中國人一百八十五億元。中國的杏仁因為個兒小，被美國大杏仁壓得抬不起頭來，市場被蠶食殆盡，以至於果農沒人願意種杏。所以業界人士呼籲還「美國大杏仁」以「扁桃仁」的真相，好讓它的價格回歸到正常的範圍。

聽起來真像是一個天方夜譚的故事。一個巴達杏，小時候就因為個兒大而被剝奪了參加遊戲的資格，現在又縱橫中國市場，把國產杏仁搞得找不著北。何物巴達杏，這麼厲害的一個物種？

其實，尋根溯源，在唐朝段成式的《酉陽雜俎》裡就已經揭示了這個東西是桃而不是杏。在此書的卷十八裡就記載：「偏桃，出波斯國，波斯國呼為婆淡。樹長五六丈，圍四五尺，葉似桃而闊大，三月開花，白色，花落結實，狀如桃子而形偏，故謂之偏桃。其肉苦澀不可噉，核中仁甘甜，西域諸國並珍之。」德裔美國人勞費爾在研究中國古代文明的專著《中國伊朗編》裡，證實了段成式的說法。他說，段成式所說的「婆淡」，是bwa-dam的譯音，就是「巴旦」。在「巴旦杏」一節裡，勞費爾認為，伊朗（波斯）是巴旦杏的中心產地，它有兩個傳播管道，一面是傳播到了歐洲，一面是傳播到了印度、西藏和中國其他地方。在宋代，范成大的《桂海虞衡記》裡也曾提到這種果實，名為「杷欖」，那又是它的另外一個譯音。清代郝懿行在《證俗文》裡說：「今京師人呼杏為巴達，即巴旦也。東齊人以杏仁甘美者為榛杏，蓋味如榛也。按《香祖筆記》云，『異物匯苑巴旦杏』出哈烈國，今北方皆有之。京師者實大而甘，山東者實小肉薄。」這裡的哈烈國就是包含了波斯在內的帖木兒帝國，後來其首都從撒馬爾罕遷至赫拉特（Herat，舊譯「哈烈」），故明朝史籍稱之為「哈烈國」。廣西太平府的《上思州志》裡則明白地說這種東西是扁桃，是波斯國的植物。巴旦木果實乾澀無汁，無法食用，但其果仁香甜可口，比杏仁好吃。巴旦杏仁含有豐富的蛋白質、膳食纖維、維生素E等，中國新疆也有廣泛的種植；但中醫認為只有普通杏仁有止咳平喘的功效，這種巴旦杏並沒有。勞費爾說巴旦杏和棗椰樹的命運相同，在中國已無人種植了。至於是什麼原因，他沒有說明。

巴旦杏經歐洲傳播到美洲後，成為全球最大的種植地，其中更以加州為最，它出產的

「大杏仁」占居全球市場的百分之八十。沒想到幾千年前曾從波斯傳到中國的巴達杏，現在又被美國人拿來作為經濟利器來中國攻城掠地了。沒文化真可怕，早點翻閱古書，把這玩意兒正名為「扁桃」，我們不是不就能少掏這一百多億？

當然這只是一廂情願。我認為這本身是個市場行為，市場歡迎才會導致價格堅挺，而不僅僅是個名稱問題。但有一點，說明在一個小小的杏仁裡面，不光有經濟的含量，更有文化的傳播，這是我們過去忽略的地方。我們現在對巴達木這些草木的認識，還不及一千多年前的唐朝啊。

吃豆腐

早年在深圳弘法寺下面的素齋館吃過一頓齋飯，點了幾個菜，素魚、素雞、素鴨，實際上都是豆製品，豆腐、豆皮之類所制。當然吃飯的我們幾個都是俗人，但吃素都要「像」魚、「像」雞、「像」鴨，說明我們的俗念很深、塵根未淨；而所做菜的明明是豆腐卻色香味都要「像」魚、「像」雞、「像」鴨，也說明這種以模仿葷菜為招徠的素齋模式過於世俗。

豆腐，據說給茹素的和尚們提供了必要的油脂和營養，也給信奉佛教戒殺生的善男信女們一個很好的替代營養品，這倒是其發明人所意想不到的。相傳豆腐是淮南王劉安所造，但翻遍《淮南子》一書，未見有一處記載。蘇雪溪有詩：「傳得淮南術最佳，皮膚褪盡見精華。一輪磨上流瓊液，百沸湯中滾雪花。瓦缶浸來蟾有影，金刀剖破玉無瑕。個中滋味誰知得，多在僧家與道家。」在其後北魏賈思勰的傳世農書《齊民要術》裡，專門有「大豆」一節，但也絲毫沒有關於豆腐的記載。所以，豆腐到底是何人發明，還是個懸念。

相傳朱熹不吃豆腐，是因為他搞不明白，當初做豆腐時，用豆若干、水若干、雜料若干，用秤一稱總重若干，待做成豆腐後，怎麼會憑空多出幾斤？老先生是搞理學的，這事兒完全不合道理啊，所以，「格其理而不得，故不食」。

電視紀錄片《舌尖上的中國》裡形象地展示過，經過水磨過的豆漿煮沸後加入鹽鹵或石膏，竟然發生了那麼奇妙的變化，原來流動的豆漿凝固成為雪白的豆腐，不復是粒狀的大豆而變得綿軟可口，可切塊可切絲，可油煎可清燉，成了人間罕有的美味。

宋代林洪的《山家清供》裡記載了「東坡豆腐」，是先用蔥油煎，再用研榧子一二十枚，與醬料一起煮製。查東坡文集和詩集，只有「煮豆作乳脂為酥，高燒油燭斟蜜酒」一句差可相仿，但這也不是豆腐，而是煮豆羹。陸游則以此入詩「試盤堆連展，洗釜煮黎祁」，「新春擺稏滑如珠，旋壓黎祁軟勝酥」，並自注「蜀人名豆腐為黎祁」。元代賈銘《飲食須知》說：「豆腐味甘鹹，性寒，多食動氣作瀉。夏月少食，恐人汗入內。」到明末清初朱彝尊作《食憲鴻秘》，裡面凍豆腐、醬油豆腐、煎豆腐、豆腐湯等名目繁多，吃法講究，顯然與現在已經大致不差了。

袁枚《隨園食單》裡有關豆腐的條目就有十則，其他如豆腐皮、豆腐絲的更多，印象最深的，莫過於對幾款豆腐的描述，一款是程立萬豆腐：乾隆廿三年，袁枚與金農在揚州程立萬家吃煎豆腐，謂之精絕無雙。「其腐兩面黃乾，無絲毫鹵汁，微有蛼螯鮮味，然盤中並無蛼螯及他雜物也。次日告查宣門，查曰：『我能之！我當特請。』已而，同杭堇浦同食於查家，則上箸大笑：乃純是雞雀腦為之，並非真豆腐，肥膩難耐矣。其費十倍於程，而味遠不及也。」

再一款是蔣侍郎豆腐。《隨園詩話》裡有一條記載：「蔣戟門觀察招飲，珍羞羅列，忽問余：『曾吃我手製豆腐乎？』曰：『未也。』公即著犢鼻裙，親赴廚下，良久擎出，果一切盤飧盡廢。因求公賜烹飪法，公命向上三揖。如其言，始口授方。歸家試作，賓客咸誇矣。」在《隨園食單》中記錄了「蔣侍郎豆腐」的做法：「豆腐兩面去皮，每塊切成十六片，晾乾，用豬油熬，清煙起才下豆腐，略灑鹽花一撮，翻身後，用好甜酒一茶杯，大蝦米一百二十個；如無大蝦米，用小蝦米三百個；先將蝦米滾泡一個時辰，秋油一小杯，再滾一回，加糖一撮，再滾一回，用細蔥半寸許長，一百二十段，緩緩起鍋。」

這秘訣一公布，震煞布衣百姓：原來豆腐好吃的秘訣就在於把一百二十個大蝦米的精華吸收入豆腐中，那一般百姓有這一百二十個大蝦米絕對不會再去吃豆腐了。還有一款「楊中丞豆腐」的秘訣也是要把雞湯和鰒魚的味道浸入豆腐中；另一款「王太守八寶豆腐」則是要用香蕈屑、蘑菇屑、松子仁屑、瓜子仁屑、雞屑、火腿屑，同豆腐一起在濃雞汁中煨製。況且，那些雞魚蝦屑的精華和鮮味被豆腐吸收後，是要丟掉的，不能與豆腐同時上桌的，相當於「藥渣」。你想，這麼多美味食材如彩雲追月般烘托著豆腐，那豆腐能不好吃麼？

所以，經過精心烹飪的豆腐是不會讓你吃出豆腐味的，就像《紅樓夢》的「茄鯗」根本就吃不出是茄子一樣。梁章鉅在《歸田瑣記》中記述他與幾個高官同飲於大明湖之薛荔館，「食半，忽各進一小碟，每碟二方塊，食之極佳，眾皆愕然，不辨為何物。理亭曰：『此豆腐耳。』方擬於餖飣會，次第仿其法，而余升任以去，忽忽忘之。此後此味則如廣陵散，杳不可追矣。」

磨豆腐的兩個條件，一是有好水，一是有好磨。最好的水山泉，明代高濂在《遵生八箋》中說「山厚者泉厚，山奇者泉奇，山清者泉清，山幽者泉幽，皆佳品也」。明代李日華在《蓬櫳夜話》說用歙州的石磨才能做出最好的豆腐，因為歙州出硯臺，其磨臼與硯臺同質，所以磨出的豆漿很細，做出的豆腐才細嫩好吃。

老年人牙齒鬆壞，豆腐是最適合的食品。清人宋牧仲《筠廊隨筆》記載，康熙皇帝吝惜老臣，南巡至蘇州，專門向巡撫宋犖頒賜食品，並傳旨說：「朕有日用豆腐一品，與尋常不同，因巡撫是有年紀的人，可令御廚太監傳授與巡撫廚子，為後半世受用。」」據說，此或與前面記述的「王太守八寶豆腐」配方相仿，斷不是百姓能天天吃得的。

而「吃豆腐」現今已錯訛成一種說法，尤專指占女人的便宜。不知何故，或由女人的肌膚軟嫩似豆腐而來，或專由賣豆腐的「豆腐西施」而來？

我們下酒時常吃的以「一清二白」著稱的小蔥拌豆腐，魅力是經久不衰的。這不僅是指顏色爽目，亦是味道清爽，以此明志，教人做「一清二白」之人。

四川的車輻老先生在《川菜雜談》一書中就念念不忘成都北門外萬福橋南岸的陳麻婆老店裡掌勺的薛祥順師傅，他做的麻婆豆腐那才叫正宗：先將清油倒入鍋內煎熟（不是熟透），然後下牛肉，待到乾爛酥時，下豆豉，放入辣椒面；再把豆腐攤在手上切成方塊，倒入熱氣騰騰的炒鍋內鏟勻，攙少許湯水，最後用那個油浸氣熏的竹編鍋蓋蓋著，在嵐炭烈火下督熟後，揭開鍋蓋鏟幾下就出鍋，一份四遠馳名的麻婆豆腐就端上桌子了。

這個「督」，原寫作「火」加「督」，字典裡都沒有，是四川菜一種獨特的烹飪手法。所謂「軟督」，據說是源自烹飪時「咕嘟咕嘟」的聲音，現在的大師傅只會說「軟燒」二字，「督」字快失傳了。但古人所說的燒豆腐最忌者二事，是「用銅鐵刀切及合鍋蓋烹」，上面的例子中用竹編鍋蓋可能就是一種折中，因為半透氣也；但不用銅鐵刀，恐怕是沒幾個人遵守了。

由豆腐還衍生出兩種產品，亦有人所特好，一是豆腐腦，一是臭豆腐。豆腐腦就是加工豆腐時掌握好分寸，使之處於半凝固狀態，就像煎雞蛋時蛋黃處於半流動狀態一樣；而臭豆腐則是以合適的溫度濕度使豆腐長毛產生黴菌，這種表面臭臭的豆腐實則飽含各種益生菌。街頭多炸臭豆腐的小攤，把顏色灰黑的臭豆腐炸至金黃，沾上麻辣醬或芝麻醬佐料，據說極美，但我對這東西實在是過敏。所謂「聞著臭吃著香」，惡者極惡，聞之就要躲八丈遠；好者極好，過一陣沒吃就要千方百計尋來大快朵頤。

周紹良先生的《餕餘雜記》裡記述了一款麻豆腐，是王世襄先生所製，顏色碧綠如玉，蔥香撲鼻。做此麻豆腐的訣竅是用北京四眼井的甜水製成的豆汁為原料熬製成豆腐，然後用羊尾油炒製，據說是「異香盈室，軟膩若乳酪」。北京鴻賓樓菜譜裡有一款「蟹黃炒麻豆腐」，不知尚有王世襄先生遺風否？

豆腐能治中國人的鄉愁、思鄉病。褚人獲在《堅瓠集》裡說豆腐「水土不服，食之則愈」；先賢瞿秋白在就義前寫的《多餘的話》中說「中國的豆腐最好吃」，遂使豆腐成為絕唱。不知遠在海外的華人，勾起鄉愁時所啖的豆腐是何方所產？

尋找秋油

本幫菜的特點是強調「濃油赤醬」，醬油是必不可少、唱著主角的作料。不管是紅燒獅子頭，還是紅燉大黃魚，少了醬油此菜莫辦。就是名聲煊赫的東坡肉和現時流行的毛氏紅燒肉，用五花肉燒製，特點是酥紅軟糯、入口即化；試想，如果端上來的是白花花的肥膘加上少許瘦肉，不僅味道吃不進去，單從視覺上來說就要大打折扣，哪還會有食客追捧？

上世紀七十年代，食物緊缺的時候，我們家雖在北方，但愛吃的主食仍是米飯，每人每月寥寥的五兩肉票使得飲食寡淡無趣，很多時候我們就是靠挖一勺豬油（我們稱之曩油，頗有古風）、滴幾滴醬油，與剛蒸好米飯攪拌一下，是為上好的美味，才使漫漫苦夏有了些許滋味。

可見，醬油在我們的生活中曾經扮演過非常中重要的角色。現在大家的口味雖然日漸清淡，但醬油作為「柴米油鹽醬醋茶」的重要角色依然是必不可少的。

但是，如果說起「秋油」，人們就未必明白了。秋油，透著季節的沉澱，帶著歲月的痕跡，字面充滿儒雅，意境涵泳神秘，它究竟是個什麼東西？

讀袁枚的《隨園食單》時，我驚奇地發現，裡面「秋油」竟出現過七十二次，而醬油只出現過二次，秋油遠比醬油重要。

比如乾鍋蒸肉，「用小磁缽，將肉切方塊，加甜酒、秋油，裝大缽內封口，放鍋內，下用文火乾蒸之。以兩枝香為度，不用水。秋油與酒之多寡，相肉而行，以蓋滿肉面為度」；再比如生炒甲魚，「將甲魚去骨，用麻油炮炒之，加秋油一杯、雞汁一杯。此真定魏太守家法也」；在袁枚筆下的名菜「蔣侍郎豆腐」裡，秋油扮演著重要角色：「豆腐兩面去皮，每塊切成十六片，晾乾用豬油熬清煙起才下豆腐，略灑鹽花一撮，翻身後，用好甜酒一茶杯，大蝦米一百二十個；如無大蝦米，用小蝦米三百個；先將蝦米滾泡一個時辰，秋油一小杯，再滾一回，加糖一撮，再滾一回，用細蔥半寸許長，一百二十段，緩緩起鍋」；連清雅的松菌也少不了秋油相伴，「松菌加口蘑炒最佳；或單用秋油泡食，亦妙。惟不便久留耳，置各菜中，俱能助鮮，可入燕窩作底墊，以其嫩也」；在袁枚最得意的「問政筍絲」裡，秋油更是不可或缺：「問政筍，即杭州筍也。徽州人送者，多是淡筍乾，只好泡爛切絲，用雞肉湯煨用。龔司馬取秋油煮筍，烘乾上桌，徽人食之驚為異味。余笑其如夢之方醒也。」

歷數這些名菜，會讓人看得哈喇子直流，估計我會寫不成、您也看不成這篇文章了。

我們知道，醬油是出自豆醬。查北魏賈思勰《齊民要術》，在卷八的「作醬法」條下，說用黑豆製醬的最好時令是農曆十二月、正月，二月是中等時令，到三月份已經是最遲了。當時沒有醬油的名稱，但有「醬如薄粥」的說法，應該是最早接近醬油的記載。

在宋人林洪《山家清供》一書出現過兩次醬油，一次是「柳葉韭」一則裡，有「必竹刀截之，韭菜嫩者，用薑絲、醬油、滴醋拌食」的記載；再一次是「山家三脆」裡，「嫩筍、小蕈、枸杞頭入鹽湯灼熟，同香熟油、胡椒、鹽少許，醬油、滴醋拌食」。可見，在宋代醬油就使用得很普遍了。

關於醬油怎樣製造，比較明確的記載是元代倪瓚的《雲林堂飲食制度集》的「醬油」一條：「每黃子一官斗，用鹽十斤，足秤，水廿斤，足秤。下之須伏日，合下。」這裡的「伏日」非常重要，把黃豆煮熟後搗成豆餅，加鹽及水後要在伏天曬製。這就很接近袁枚所說的秋油了。

清人王士雄在《隨息居飲食譜》中最早解釋「秋油」的來歷：「篘油則豆醬為宜，日曬三伏，晴則夜露，深秋第一篘者勝，名秋油，即母油。調和食物，葷素皆宜。」即經過三伏的曝曬，深秋時節濾出的第一抽醬油就是「秋油」。而晚於王士雄的清人夏曾傳在補充考訂袁枚著作的《隨園食單補證》中專門在「作料單」寫上醬油這一條：「醬油，以秋日造者為勝，故曰秋油。其至佳者，須以小器置中，其自然原汁徐徐浸入。要非自製醬者不可得，市賣者，無此品也。大約以味厚而鮮為貴，北人尚白醬油，終不能及。」

那麼，清代這麼如雷貫耳的秋油，到近現代人的詞典裡，如何就沒有了蹤影？

我翻閱清末民初龔乃保的《冶城蔬譜》和民國張通之的《白門食譜》，裡面都沒有「秋油」，多是用「醬油」、「上等醬油」的說法。看來時代變遷，民國時就不用「秋油」這個古奥的名詞了。

但類似「酒頭」這樣入秋時的上好醬油仍然存在，它仍然是不可多得的。「秋油」是「深秋第一簝」，也即鮮美、濃厚、精粹、精華的代稱。

我一直在想，在人們日益講究飲食品質、追求食材作料品質的今天，那些以製造醬油聞名的「李錦記」、「海天」等廠家是不是有責任、也有眼光使「秋油」復活呢？

宋嫂魚羹

宋五嫂的魚羹店開在西湖旁。

五嫂一口的汴京口音，在這臨安城裡倒有一多半人跟她口音一樣，所以並不覺得這裡是異鄉。真正說南音的主要是些當地土著，不過他們也在拼命地學著北方官話，只是顯得舌頭有些略大。

五嫂娘兒倆相依為命，兒子一早就撐一葉扁舟去西湖中打漁了，運氣好時能打上幾十條鱸魚、鱖魚，夠她一天賣魚羹、做小菜用了。小店門臉雖然不大，但收拾得清爽、俐落，店門前有樹有花，綠蔭四合，環境清幽，加上她做魚羹的手藝獨特，生意還算不錯。

五嫂做魚羹的獨得之秘是用自己釀製的陳年老醋，並用四川特產的黎椒烹炸後，使魚羹帶點微微的麻辣味。她先將鱖魚去骨，加上鹽、蔥段、薑片、稍許黃酒上籠蒸熟，再把魚肉打碎；用油烹炸黎椒、蔥段後取出，加入高湯、紹酒，煮沸後加入筍絲和香菇絲，再放入魚肉和原汁，加適量的秋油和鹽，勾入稀芡汁；再次煮沸時倒入蛋黃液，澆上兩勺陳醋、淋入香油，一份酸麻可口、酷似蟹羹的魚羹就出鍋啦！

憑著這手做魚羹的手藝，自從五哥去世後，五嫂帶著兒子一路逃難，從東京到了臨安，在這西湖邊上紮下根來。

那天，店中來了兩位士子模樣的年輕人，叫上幾盤小菜、一份魚羹，邊喝酒邊議論朝政，一句「我多想打回北方去」，言辭當中直指當今皇上。五嫂怕惹事，看他們的魚羹快喝完了，就上前去打斷他們，說：「二位覺得這魚羹怎樣？要不要再來一份？」

那位頷下有短鬚的士子說：「就說你這魚羹爽口呢，讓人想起了在東京時常吃的口味。」

五嫂驚訝說：「我的小店原來就在東京汴水邊的大梁門啊，這不到臨安都十年了，還以賣魚羹為生。」

「那是故人啊！洪兄，這麼可口的魚羹，可否激發你的吟詞雅興啊？」慫恿他的是那個面目清秀的士子。

「好啊，吟上幾句吧！大嫂，有筆墨麼？」短鬚士子從行囊中取出半幅白紙，接過筆墨，略一思索，寫下：

「漁父飲時花作蔭。羹魚煮蟹無它品。世代太平除酒禁。漁父飲。綠蓑藉地勝如錦。」

「好啊！」白面士子讚道：「我為你續上一句。」他接過毛筆，筆走龍蛇起來，「漁父醉時收釣餌。魚梁曬翅閒烏鬼。白浪撼船眠不起。漁父醉。灘聲無盡清雙耳。」

兩人一番唱和，還不盡興，把詞句貼在五嫂店中的牆上，才相扶而出，一路吱吱呀呀地走了。

轉眼就過了穀雨，這一日天氣晴好，五嫂擦淨桌椅，又開始準備中午的菜肴了。抬頭，卻見兩艘畫舫慢慢地朝她這邊駛來，船首站著一位面皮白團團的漢子。

「是宋五嫂的魚羹店嗎？」那漢子問道。

「是啊是啊，客官，您老裡邊請！」

這時幾個後生從畫舫中扶出一位七十多歲的長鬚老漢，穿著綾羅長袍，雖然年邁，但一看就是副風雨颳不著、太陽曬不著的樣子。

「這是我家老爺，聽說你是從東京過來的，做的魚羹特別有東京風味，所以專程過來品嘗一下！」

「您老稍候啊，來，先品一品這新出的碧螺春。」

過了稍許工夫，一大盆熱氣騰騰的魚羹就端上來了。老者品了一口，讚歎道：「嗯，確實是東京的口味，沒變啊！」

「這位老嫂子，你是什麼時候從東京來到臨安的？」老者問道。

「唉，靖康二年，金人打進了東京城，那個燒殺搶掠啊，我那五哥稍有不順從，就被金人亂刀殺死了，魚羹店也被砸了。後來，我就帶著兒子一路打著短工逃到了臨安城。可我還是想我那大梁門的家啊，您老給說說，咱們還有希望重回東京嗎？」

老者黯然，過了一會兒才說：「東京自古以來就是我國的領土，雖然現在被金國佔領了，但俺們現在正在談判，擱置爭議，共同開發，所以到時候你還是有機會重回汴梁城開魚羹店的……」

幾位後生扶老漢回到畫舫，中年漢子殿後。過了片刻，漢子又下得船來，手拿著金錢布匹，對五嫂說：「你可知道剛才那位是誰不？那可是當今太上皇！太上皇念你忠順，千里迢迢追隨到臨安，又念你年老，專門賞賜你金錢十文、銀錢一百文、絹十匹，還不叩頭恭謝皇恩！」

幾天後，一塊由太上皇趙構親筆題寫的「宋嫂魚羹」牌匾掛在了五嫂小店的門頭上。從此達官貴人爭相到五嫂的魚羹店品嚐不提。

第二分　落英

女人的酒窩裡住著一對小愛神

利用十一黃金週假期，再加上幾天公休假，我買了張機票，到巴黎度假去。這時節正是巴黎最好的季節，埃菲爾鐵塔附近遊人如織，天氣晴朗，清澈的藍天飄著朵朵白雲，真夠愜意的，很多人躺在草地上懶懶地曬太陽。

逛完了名勝，我想起一件事，對了，去那些特色咖啡館逛逛。

在福樓拜、莫泊桑他們經常光顧的拉丁區咖啡館，我點了一杯拿鐵咖啡，在靠窗的桌子邊坐了下來，邊喝邊看窗外的美女。

一會兒，一個二十多歲的金毛小子湊了過來，向我示意一下，看我沒拒絕，就坐在了對面。

「Hi, how, like drinking latte?」

這小子在用英語問我：「喜歡喝拿鐵嗎？」廢話，咱不是二十年前的生活了，老子現在天天早上用咖啡代替過去喝稀飯呢！

我正想用英語回答，轉念一想，不行，我得用我久不操練的法語來對付他。我說：

「Ah, d'accord, c'est plus léger goût!」

意思是：「還好吧，就是味道寡淡些。」

這金毛小子一聽我懂法語，馬上來勁兒了，問我：

「呃，喜歡法國菜嗎？」

我還是想煞煞他的威風。「呵呵，還好。不過法國菜總是離不開大蒜，南方菜尤甚。不如法國的美女。」

「那是你沒嚐到最正宗的。正宗的法國聖誕大餐可離不開豬血香腸的啊！」

看我一直在望著窗外的美女，對他怠答不理的，他馬上湊趣道：「嘿嘿，看到了嗎？美貌是最有效的護照！」

呵，這金毛犬說話還帶著哲理，我也不輸他，對了一句：

「對那些漂亮女子來說，她的酒窩裡都住著一對小愛神……」

「你知道人肉餡餅的故事吧？熟肉店老闆娘無不是美人兒。」金毛眼睛有些閃亮。

「當然，她們站在馬路上，我們就不能帶著妻子上街了。」我想他懂我說這話的弦外之音。

「但我還是喜歡親吻那對迷人的球體。」這小子說話太直白。

「尤其是泛舟湖上時，身邊總要有個女人。」我說起來也是一套一套的。

金毛犬湊近我，「告訴你個秘密：棕髮女子比金髮女子更風騷；但我爺爺總跟我說，金髮女子比棕髮女子更風騷。」

「你爺爺也喜歡泡妞啊？」

「我爺爺他們那一代都愛跟家庭女教師扯點關係。你知道，家庭女教師總是出身於遭遇不幸的良好家庭，但她們往往會勾引男主人。」他抿了口咖啡，接著說：「知道拉摩的侄子嗎？那些討厭的神父，應該閹割他們，與保姆睡覺，跟她們生下孩子，儘管他們管這些孩子叫『侄子』！」

看他話裡有料，我正想欲聞其詳，金毛卻換了個話題，問我對巴黎的印象如何。

我回答得很不客氣：「所有的巴黎人都是閒人。但巴黎是個大娼婦，是女人的天堂，馬的地獄！」

「是啊，巴黎的水喝了會肚子痛的。哦哦，那是前人說的，現在可不這樣。」他聽著也不惱。說起馬，他來勁兒了，「你知道嗎？所有的騎兵都是瘦子，想減肥應該去練騎馬。」

我說：「但是，所有的騎兵軍官都有大肚子，他一上馬，就會與馬合為一體。」

「嗯，瘦男人總愛說，好公雞沒有肥的。」他看了看自己精瘦的身材。

「是啊，就像鬍子太多，頭髮就會稀少一樣，上帝總是公平的。」說著，我也想起來一件事，問他：「聽說法國人結婚後都要去義大利旅遊，但往往會失望而歸，沒有人家說得那麼美。有這事兒嗎？」

「差不多。那是法國人總迷信在鄉居時要有一間書房，所以嚮往義大利。但我還是喜歡英國，在你叫不出一個英國人的名字時，就叫他『約翰牛』，總沒錯。至於英國王室，他們只授予有錢人當勳爵。沒勁透了！」

「哦，你說的是那些貪婪如猞猁的銀行家們吧？」

「嗯，還有阿拉伯人。」他加上一句。

「你天天混在這一片兒嗎？靠什麼維生啊？」我問了聲。

「我麼？我是夢遊者，經常夜裡在屋脊上散步。」這小子說話夠玄的。

「哎哎，怎麼你說的話我都似曾相識啊，好像從哪部小說中來的。」我拍拍腦袋。

「小說最敗壞民風，印成書的比在報上連載的更不道德。」他斬釘截鐵地說。

「想起來了，這些全是從福樓拜的《庸見詞典》裡來的吧？」

「哈，算你狠，我就是福樓拜的孫子啊！」他解開了謎底。

正說得暈暈乎乎之際，忽然鬧鐘響了。我揉揉眼睛，原來剛才在夢中去了一趟巴黎。

嗨，都怪昨晚看福樓拜的《庸見詞典》時間太晚了，弄得滿腦子都是《庸見詞典》中的名言。

見他的鬼去吧，今天還有個重要談判呢！

（文中所有對話均引自居斯塔夫・福樓拜的《庸見詞典》）

當個書蠹，太容易沉迷

說起來我跟謝其章先生還有過一次交道。

那是在二〇〇六年黃裳先生《來燕榭集外文鈔》出版的時候，因集中收羅了他二十世紀四十年代在上海《古今》雜誌上發表的近二十篇文章而格外引人注目。這些文章是黃裳以前避而不談的，甚至是極力掩飾的，因為《古今》雜誌的汪偽背景決定了幾乎是誰碰它誰遭殃，如周黎庵、金性堯者是。也只有在政治相對清明之時，或者說同時也是在黃裳先生耄耋之年「老了，無所謂了」之時，才敢把它們收攏起來，冠在自己名下，讓它們真正名正言順起來。黃裳先生還撰文敘述了當年被「逼稿」的經過，以及換得經費逃亡的「驚險刺激」經歷。而周黎庵至死也沒有吐露關於《古今》雜誌的絲毫資訊，金性堯倒是表示了些自責之意。

就在這個時候，在孔夫子舊書網上發出了一條簡短的帖子，說是「我有這些《古今》雜誌，願意轉讓」。我本來就對上海淪陷區文學有些興趣，加之又是黃裳《來燕榭集外文鈔》正熱的時候，我也想對照一下《古今》雜誌中黃的原文與如今收到集子中的文章有何異同，就馬上發短信表示有興趣。也許是《古今》雜誌本來就偏門，感興趣的人不多，或者是有興趣的人大都已有全帙，沒人跟我搶，於是很快就談定了價格，並且成交了。有網友告訴我，發帖的這個人就是謝其章。後來全套《古今》雜誌寄來，看包裝上的署名果然是謝其章，字體雋秀，一看就有功底。在來往短信中，我說因對淪陷區文學有些興趣，所以想收些這方面的雜誌，看先生還有沒有其他棄藏的此類雜誌可一併割愛。真心講，這批雜誌索價不高，因為先以感情拉近的方式再談價格，謝先生還「誇」我會砍價。我想謝先生可能是覺得我真心喜歡，雜誌給我是「物得其所」，所以價格倒在其次了。

讀謝其章在山東畫報出版社出版的《搜書記》，才知道那些年帝都的民國雜誌、舊書來源真是豐富，謝先生這二十多年的時間、精力和資金幾乎都花在這方面了。謝先生的民國雜誌收藏之宏富，尤其是上海淪陷前後的雜誌很多都是全套，有些國立圖書館也未必齊全，堪稱是民間的「民國雜誌收藏第一人」。不知道謝先生的本業是做什麼的，我想收入估計不菲，不然怎麼能支撐他如此長久而系統的收藏呢！

所以謝先生有多套《古今》雜誌也在情理之中。收藏界人士一般對藏品品相都十分講究，對已有的藏品遇到品相更好的，往往不惜高價買來換品相。到我手中的這套《古今》雜誌裡因有多本複印本，我想就是謝先生有更好的替代品後淘汰的吧。但得到這套雜誌，對我這生活在帝都以外在沒有網路之前幾乎不可能見到全套《古今》雜誌的人來說已經是非常幸運了。後來看謝先生的《搜書記》，才知道我這套雜誌中原本、複印本摻雜的情況，也是書商經營的一種手段：把一套原本拆開，再配以若干零本，複印若干本，這樣就組成了兩套雜誌，每套中配以若干複印本，占的比例又都不太大，購者能夠接受，書商又達到了效益最大化。我想我這套雜誌就是這樣的產物。而這種雜誌形態顯然不符合謝先生的要求，在帝都得到此類雜誌的機會又多，有更好的顯然是要首先淘汰這種混雜本了。

從《搜書記》中就能看出，謝其章先生對其收藏是頗為自負的，書中經常看到他暗貶京城某中年收藏家的字眼。在網上也看到過京城舉辦世界期刊展有人想無償借用謝先生所藏雜誌而被其斷拒的文章，感覺謝先生的火氣有點大。

拿到這本中華書局的《書蠹豔異錄》，花半個晚上和半個上午讀完，首先感興趣的還是與《古今》雜誌有關的內容。書中有《朱省齋與〈古今〉雜誌》、《金性堯經歷的兩本老雜誌》兩篇都與《古今》雜誌密切相關。近期看到多篇記述《古今》雜誌創辦人朱樸（即朱省齋）的文章，一篇是蔡登山的《從〈古今〉到書畫鑑賞家的朱樸》，一篇是萬君超的《張大千與朱省齋》，還有董橋先生《故事》中的相關文章，對照來讀，更有意思。幾篇文章連綴一起，記述了朱樸在抗戰結束後從北京、南京繼而於一九四七年冬跑到香港，搖身一變成了書畫鑑賞家，甚至在一九四九年後成了新政府的座上賓，時任文化部副部長的夏衍先生竟親自率眾名畫家相與招待。有可能瞭解其中緣由的曹聚仁先生寫過一篇掌故《〈古今〉與〈南北〉》，只可惜說了真話，被朱樸抓去撕掉了。原來，掌故是要說些謊話的。謝的文章，只為我們瞭解這段故實添了些許新消息，資料仍是不全。這個朱樸是怎麼搖身變成貴客的，諸文語焉未詳之處，還是萬君超的文章為我們解了密。原來是朱樸趁張大千移民南美籌措資金之際，幫大陸的國家文物局低價收購了張大千收藏的《瀟湘圖》和《韓熙載夜宴圖》，且此事被惡意「炒作」，斷了張大千回臺灣的後路。這可能既是張、朱後來交惡的主要原因，也是朱樸後來屢屢造訪大陸且被奉為貴賓的因由。關於朱樸，看來還有進一步挖掘的餘地，那就是找到朱在香港出版的五部著作：《藝苑談往》、《書畫隨筆》、《省齋讀畫記》、《畫人畫事》和《海外所見名畫錄》。同時找到朱樸在香港五六十年代參辦和撰稿的《人物週刊》、《大人》、《大成》雜誌，裡面可能會有更多發現。

另一位《古今》中人金性堯晚年與謝有過書信往來。在談金性堯的文章裡，謝先生說因為金性堯的後人編輯《金性堯先生紀念集》時沒收他的《搜求金性堯舊作的樂趣》，若編輯金性堯文集時就不準備出借新找到金的有關佚文，這就顯得有些小氣了。不過，謝先生有可能是說些玩笑話，畢竟謝的收藏裡還是有些秘本是他人未見的。我倒是更對謝先生十年前編輯而未出版的一本採自三四十年代雜誌中未見「出土」書話佳作的結集感興趣，在書話熱度持續不降的市場中，哪家有魄力的出版社拿來出版應該是不愁沒有銷路的。

《書蠹豔異錄》中分兩部分。第一分主要還是談些雜誌掌故，第二分主要是京城這些年的書刊拍賣風雲了。這些拍賣風雲，在我看來如同生意經，不過近些年重要的線裝書、民國書刊大多從拍賣場中走出，要搜集民國書刊，不瞭解這些生意經還真不行。作者記述了自一九九三年起北京的大大小小幾十場拍賣會，對既沒有財富之厚、又沒有近水之便的我看了也是白過癮，只算了解行情而已。倒是集中記載的時限較近、在網路上拍賣能夠「天涯共此時」的一件事我也同時親歷了。這就是那篇《〈域外小說集〉拍賣親聞親歷記》。

這本出版於一九〇九年的周氏兄弟合譯的《域外小說集》被稱為新文學第一善本，印成後在東京、上海寄售，第一冊、第二冊共賣出四十一冊，謝的估計兩本加一起存世量為六十冊左右。前幾年這本書突然在孔夫子舊書網上冒出，起拍價只有二十五元。因為我也時常拍些周氏兄弟的作品，雖然對這本書不像現在這樣瞭解，當然也想摻乎一下。我在中間加了幾次價，但後來事情突然升溫到了我們無法想像的程度，價格一路飆升。當時的孔夫子網拍賣只能加價到一萬九千九百九十九元，也就是超過二萬元的拍賣在這裡無法操作。這也是孔夫子網在收費之前為防範風險而採取的措施。很快，這個措施使得拍賣無法進行了，於是有人在拍賣留言中加價，但賣主似乎明白了此書的價值，就此宣佈撤拍。我所親見的事情就到這裡，後面的事與我無關，也許也就永遠不知曉了。《〈域外小說集〉拍賣親聞親歷記》算是幫我續上了後半截，從文章裡知道，這本書後來上了帝都的拍賣會，而且拍了二十九萬七千元！原來這本書是夾在一堆日文舊書中被賣主整堆收購的，他原來也不知道其身價會這麼高。

知悉了這些經歷，我知道舊書交易是多麼有興味的一件事，又是多麼波譎雲詭的一件事，我們不太瞭解、也不太有錢，還是離它遠點吧。當個書蠹，太容易沉迷、太容易迷失了，還是當個普通的愛書者吧。

我與尚書吧

昨晚看完掃紅的《尚書吧故事》，一路看到許多熟悉的名字，頷首一笑。故事就是故事，不要把它當作書話就好了。

這個尚書吧，還真跟我有點關係。

二〇〇四年六月我離開深圳，也離開了那些愛書的朋友們。在這之前，經常與深圳的書友們相聚，特別是馬刀從香港來的時候，總是大家聚會的理由。馬刀是簡稱，其網名全稱叫「胯下馬掌中刀」是也，經常混天涯，個人專門搜藏各種蘇東坡版本，也不知道他在香港做什麼職業，那時常在天涯書局賣些港臺書、民國書，往往是帖子沒發完就呼嘯著賣完。聚會時常來的，都是些在天涯「閒閒書話」裡的風雲人物，如雲在青天啊、OK先生啊（就是《書情書色》的作者）、包子饅頭啊、D4啊、文白兄啊、邯鄲學步啊，時不時還有珠海的何家干啊，還有幾位美眉我記不住名字了，有一個是學駕車召陪駕鬧出很大風波的那個。那時聚會經常在一個叫「那達慕」的飯店，不知是誰的據點，馬刀來時經常會帶來些珍稀版本，都會被大家哄搶一空，然後輪流去各家參觀書房。我就記得文白兄家的書房最大，占了兩層樓；包子饅頭家的初版周作人最多，兩大紙箱子；ＯＫ先生剛給董橋編了一套多卷文類編（估計類似周作人文類編），確定要在河北教育出版社出，但最後不知怎麼又流產了；雲在青天酷似魯迅，也愛研究魯迅，同樣長得平板頭一字鬍；Ｄ４經常上臺灣書店網站訂書，也不知他怎麼結算的，沒顧得上討教。如果外地來個朋友，那就更是書友的大聚會了，有一次人稱「冉匪」的四川冉雲飛駕到，大家一起喝酒聊書，席間冉雲飛還趁著酒勁引吭高吼民歌……

那時大陸還不知道有「木心」其人，第一次看到馬刀帶來的木心的臺版著作《會吾中》，馬刀說是為陳村找的，不久上海《文匯報》上出現了陳村介紹木心的文章，經過陳丹青和陳村的強力推介，才有了其後的木心風靡全國。也就是這時候，我快要離開深圳了；也就是這時候，馬刀說想在深圳辦一個舊書店，其他人都說要入股，到時就好書自己留著，不要的拿來賣掉……我想我是無緣書店了，但是這幫人這麼愛書，好書都自己留著開書店豈不是要死定！

沒多久就聽說，他們真開了個尚書吧，而且就在深南大道我原來的寫字樓附近，而且一直開到了今天……

掃紅，那時還不認識，或許就是當時若干美眉中的一個？怎麼就變成老闆娘了呢？

王世襄先生是帶著遺憾走的

王世襄先生在寫作《錦灰三堆》時，已意識到時日無多，聲言「今後不可能再有『四堆』矣」。但老人還有未竟心願，那就是前本書中沒有悼念老伴袁荃猷的文章，因之勉力寫作，又出版了《錦灰不成堆》。

在《錦灰不成堆》的《前言》、《我在「三反」運動中的遭遇》和《「人之將死，其言也善」，善者真也》三文中，王世襄老人以九十三歲的高齡，反覆申訴了一個至今仍未了斷的「奇恥大辱」：那就是一九五二年在故宮博物院文物陳列部主任任上，被「三反打虎隊」逼迫交代接收文物的問題，並被關進看守所，後因沒問題可交代，以「取保候審」方式釋放，隨之被故宮博物院通知「開除公職，自謀出路」。這就是一個老老實實的好公民，因為沒問題可交代受到的待遇。在那些掌權者的潛意識中，你一個堂堂的日寇投降後的文物接收大員，怎麼可能不偷、不占？彷彿不偷、不占即不正常，偷了、占了倒是順理成章。這是什麼狗屁邏輯！而且在後來的「反右」運動中，王世襄因為據理陳詞，又被劃為右派。一個公民，被自己所在的政府「釣魚」執政，先放出誘餌，然後再一逮一個準！這就是王世襄的遭遇。

出版《錦灰不成堆》時，王世襄老先生這個心願一直未了：右派被摘帽了，但「取保候審」和「開除公職」兩項並未有任何文件予以撤銷。儘管後來王世襄先生到中國文物研究所工作，最早被評為研究員，又當選全國政協委員，並被聘為國家文物鑑定委員會委員、中央文史館館員，還把畢生收集的明式傢俱入藏上海博物館，出版四十餘種研究著作，其研究成果得到了國內外的極高評價，可謂是年高德劭，但王老生前念念不忘的仍是這個沒有被消除的污點、一個「莫須有」的結論！

有人可能會覺得，王老取得那麼大的成就，這些歷史雲煙早就消散了，還在乎什麼取消不取消？不。王老和老伴在早年經歷打擊之後就立願：「堂堂正正、規規矩矩做人，決不自尋短見，更不鋌而走險，自信行之十年、二十年、三十年，當能得到世人的承認。」這一點兩位老人已經做到了。但老人仍堅持說：現已至耄耋之年，容我陳述的時間指日可數，為此我不得不收集一切得到的證據和集體上報的材料寫成文字，作一次最後的申訴。「本人堅信定有有良知者和信奉是非真理者在我逝世後為我申訴，還我一個為人民、為國家全心全意、竭誠工作、大公無私、清白無辜的面目！」

王世襄老人已於二〇〇九年十一月二十八日駕鶴西行，不用說，他是帶著這個未了的心願離去的，是帶著深深的遺憾離去的。因為至今沒有任何一個部門為王老洗去這兩個莫須有的污點。為了讓老人的靈魂安息，我敦請當時王老轄區的派出所和故宮博物院正式撤銷這兩項決定，還王老清白無辜的面目！也希望在京的有識律師為王老奔走，以換來兩紙平反證明在王老靈前焚化，以告慰王老久久不願離去的靈魂！

讀《石語》

錢鍾書先生在《〈寫在人生邊上〉和〈人・獸・鬼〉》重印本序》中說過：「考古學提倡發掘墳墓以後，好多古代死人的朽骨和遺物都暴露了；現代文學成為專科研究以後，好多未死的作家的將朽或已朽的作品都被發掘而暴露了。」這是錢先生在自己的兩本舊作被收進「上海抗戰時期文學叢書」時所發的感慨。隨著《石語》的問世，這句話再次在錢先生自己身上得到應驗。不過，這回的「發掘者」竟是作者夫人——不知是不是與作者串通——楊絳翻檢舊物時所得。錢鍾書先生審閱後欣然撰寫前記，無形中又暗合了作者的另一段話：「假如作者本人帶頭參加了發掘工作，那就很可能得不償失，『自掘墳墓』會變為矛盾統一的雙關語，掘開自己作品的墳墓恰恰也是掘下了作者自己的墳墓。」這段引語多少讓人感到有點不吉利，同時也恰恰說明了歷史老人對人的捉弄——如此睿智的學者竟也會一語成讖。不管怎麼說，《石語》的「暴露」，對我們來說都該是一種意外的驚喜和分外的滿足。假若任咳唾珠玉隨風飄散以至湮沒無蹤，那才是文學史的極大遺憾。

錢鍾書先生的《石語》寫於七十多年前的一九三八年，時作者正在巴黎遊學。是書記述了錢先生與清末民初著名詩人陳衍（號石遺）的一次談話，故名《石語》。我得書後連夜通讀兩遍，不覺朵頤大快、頰間生香，驚為近年難見的妙書。陳衍石遺老人知人論世、揮斥方遒；錢鍾書先生清詞麗句、妙對巧答，堪稱雙璧。

我們在錢鍾書《七綴集》中的《林紓的翻譯》一文中就曾預期過「聽陳先生評論他交往的名士們」，這次機會來了，而且此文涉及最多的就是林琴南先生。在《石語》中，石遺老人對林琴南以空疏相譏，儘管相交多載，謂：「琴南一代宗匠，在京師大學時授《儀禮》，不識『湑』字，欲易為『酒』字；又以『生弓』為不詞，諸如此類，鹵莽滅裂，予先後為遮醜掩蓋，不知多少。」石遺老人與二十三歲的錢鍾書交談時，已近八十歲，但從其口氣、談吐來看，仍不失血氣方剛和勃勃生機。石遺老人還說：「琴南最怕人罵，以其中有所不足也。余嘗謂之曰：『夫謗滿天下，名亦隨之，君何畏焉？』」所以石遺老人強調：「為學總須根柢經史，否則道聽塗說，東塗西抹，必有露馬腳狐尾之日。」

清末的一些「著名詩人」，在石遺老人眼裡亦顯得不值一文。如冒鶴亭。「鶴亭天資聰慧，而早年便專心並力作名士，未能向學用功。前日為《胡展堂詩集》求序，作書與余，力稱胡詩之佳，有云：『公讀其詩，當喜心翻倒也。』夫『喜心翻倒』出杜詩『喜心翻倒極，嗚咽淚沾巾』，乃喜極悲來之意，鶴亭誤認為『喜極拜倒』，豈老夫膝如此易屈耶？」

如陳散原。「陳散原詩，予所不喜。凡詩必須使人讀得、懂得，方能傳得。散原之作，數十年後恐鮮過問者。……為散原體，有一捷徑，所謂避熟避俗是也。言草木不曰柳暗花明，而曰花高柳大；言鳥不言紫燕黃鶯，而曰烏鴉鴟梟；言獸切忌虎豹熊羆，並馬牛亦說不得，只好請教犬豕耳。」如此，真是抄了陳散原的後路。石遺老人尖刻若此！

是書還可見青年錢鍾書先生的博聞強記、見識精到。如二人的一段對話：「王壬秋人品極低，儀表亦惡，世兄知之乎？鍾書對曰：『想是矮子。』丈笑曰：『何以知之？』曰：『憶王死，滬報有滑稽輓詩云：「學富文中子，形同武大郎」，以此揣而得之。』曰：『是矣。』其人嘻皮笑臉，大類小花面。著作惟《湘軍志》可觀，此外經學詞章，可取者鮮。余詩話僅採其詩二句，今亦忘作何許語。鍾書對曰：『似是「獨慚攜短劍，真為看山來」。』曰：『世兄記性好。』」

石遺先生還以現身說法，教育年輕人，如「結婚須用新法，舊法不知造就幾許怨偶。若余先室人之相容德才，則譬如買彩票，暗中摸索，必有一頭獎，未可據為典要。」既有幾分自得，又通達可觀。

又如石遺評價當世新學，也全無遺老夫子如林琴南者極盡攻擊的做派，顯得極為寬容：「學校中英算格致，既較八股為有益，書本師友均視昔日為易得，故眼中英豪，駸駸突過老輩。當年如學海堂、詁詩精舍等文集，今日學校高才所作，有過無不及。」

石遺老人還有許多妙語，極見其情趣，如：「女子身材不可太嬌小，太嬌小者，中年必發胖，侏肥不玲瓏矣。」

「少年女人自有生香活色，不必塗澤。若濃施生白，則必其本質有不堪示人者，亦猶文之有偽魏晉體也。」此話放在今天，對那些濃妝豔抹的妙齡女子亦不乏教益。

《石語》刊印本前附作者手跡，讓我們看到了錢鍾書先生三十年代英姿逼人的書法，對照錢先生晚近圓潤無鋒的墨蹟，不免感歎歲月的磨礪。是書刊印本襯以素色蘭花為底，裝幀頗為精美，雖校點仍有若干可推敲處，亦不失為一個可供把玩的善本。

西南聯大的教授構成

西南聯大是一個時代的記憶。

昔日看宗璞《東藏記》時候，時常會冒出考據的想法，那幾位教授孟樾、莊卣辰、江昉、錢明經、尤甲仁的原型是誰，而學生峨、嵋、莊無因、殷大士的原型又是誰？那個女生宿舍——南院是什麼樣子？這回看《聯大八年》時，總算慢慢地對上了一些號，更對在那個艱苦卓絕的時代救亡不忘向學的教授學生們充滿了崇敬。

記得謝泳先生說他當時研究西南聯大歷史時資料很少，新星出版社新版的《聯大八年》就是少數幾本原始資料之一。因為《聯大八年》是一九四六年抗戰勝利之後西南聯大剛剛結束不久，由當年的教授、學生撰稿、編輯、出版，是最能真實反映當時學習、生活原生態的作品。研究西南聯大的相關問題，這都是一本繞不開的第一手資料。

我所感興趣的，是在那樣一個有黨爭、有合作的激烈變動的社會，西南聯大作為一所大學，仍然堅持教授治校，不讓各種政治勢力進入學校，保持教育的純潔性、超然性。雖然學生和教授也分左、中、右三翼，也有國民黨、共產黨員，也分激進和保守，但在教育中，是絕對不能把黨派宣傳內容摻進課程中的。當然，這並表明教授們就沒有政治傾向，學生們就沒有政治態度，相反，他們對一黨獨裁專制引發的政治、經濟、教育危機一直是大力抨擊，對未來也充滿了各種疑慮。對此，聯大師範學院院長黃子堅貢獻的意見是：鑽到書本裡去。這種意見為大多數學生所不予採納。當然，也有人趁機寫文章向當局獻媚，湯用彤先生和金岳霖先生就曾大罵過以學問作為進身之階的文人。比如，書中寫到，法律系教授章劍「像個繡花枕頭，外表儘管漂亮，肚子裡裝的卻是糟糠。最近他的興趣不在於教書，而在於『活動』，我們虔誠祝福他的成功」。再比如，書中說賀麟教授「政治見解保守」，「最近榮任國民大會國民黨代表」；說張奚若教授一直抨擊一黨專政和個人獨裁，他因無黨無派而被中共和民盟推舉為政協代表，而國民黨卻說張先生是國民黨員，但又報不出他的「黨證號數」。這些逸聞在研究西南聯大教授群時都是不可或缺的材料。

像聞一多先生這樣進步的教授，為了民主、和平、進步而大聲疾呼，為反對內戰、廢除一黨專制而奔走，但聞一多並不是共產黨員，只是一個有正義感的教授。相反，吳晗是共產黨員，但他只是用自己的學問、著作去影響學生，而不是去做黨派宣傳。我從這裡面看到了聞一多先生思想的變化過程：抗戰剛開始時，人們還充滿了對蔣介石的崇拜與信任，但當蔣介石《中國之命運》出版後，聞先生說：「我簡直被那裡面的義和團精神嚇一跳，我們的英明的領袖原來是這樣的想法的嗎？五四給我影響太深，《中國之命運》公開向五四宣戰，我是無論如何受不了的。」而陳立夫做教育部長後，對大學的課程與教材都要進行規定，更是引起了教授們的普遍不滿。這在現在，大家似乎已經習以為常、見怪不怪了。甚至當時的國民政府把五月四日的青年節改為三月二十九日，都引起了教授和學生們的一致憤慨。這些，都是沉醉於學術的教授和學生們不能不抬頭問一句為什麼的。

提倡教授治校，使大學不致變成行政的附庸，真正能使學術獨立起來，這是從蔡元培以來幾代中國大學執事者所宣導的。一九四七年，胡適先生就提出過「爭取學術獨立的十年計畫」，他說：「這個十年計畫應該包括整個大學教育制度的革新，也應該包括『大學』的觀念的根本改換，近年所爭的幾個學院以上才可辦大學簡直是無謂之爭。今後中國的大學教育應該朝著研究院的方向去發展。凡能訓練研究工作的人才的，凡有教授與研究生做獨立的科學研究的，才是真正的大學。從這個新的『大學』觀念出發，現行的大學制度應該及早徹底修正，多多減除行政衙門的干涉，多多增加學術機關的自由與責任。」這些建議，都是為提倡獨立的科學研究、提高各大學研究的尊嚴而提，但其後確實已沒有實踐的機會了。

同時使我感興趣的是西南聯大的教授結構。據《聯大八年》中統計，清華、北大、南開三校合併成西南聯大時共有一百七十九位教授，其中九十七位留美，三十八位留歐陸，十八位留英，三位留日，二十三位未留學。三位常委，二位留美，一位未留學；五位院長，全為留美博士；二十六位系主任，除中國文學系及兩位留歐陸，皆為留美。可見，留美教授占居多數，已成為近代留學的潮流。費正清先生一九四二年訪問西南聯大後，曾做出如此評價：「這些曾經在美國接受訓練的中國知識分子，其思想、言行、講學都採取與我們一致的方式和內容，他們構成了一項可觸知的美國在華權益。」這對美國的對話政策也產生過一定影響。西南聯大的這種教授結構對當時的教學風格、學術研究風氣、論著研究方向有何影響？使校風的形成、學生的培養有何微妙變化？一九四九年後，這些教授的去留情況怎樣？哪些留在了大陸，哪些去了臺灣，哪些去了美國或其他地方，結局如何？這些好像還沒人專門涉獵過，是值得進一步研究的課題。

「一國兩制」的最早實踐

許倬雲先生自是史學大家，擅長於從兩千年歷史中總結、概括出長時段才能發現的規律，所以才有了《萬古江河：中國歷史文化的轉折與開展》、《從歷史看人物》、《從歷史看管理》諸作，也才有了這本《許倬雲說歷史：大國霸業的興廢》。說實在，我對在二百頁的篇幅內把中國乃至世界歷史中的某種規律予以總結歸納始終懷有警惕，因為這基本上就不可能有引述、論證的過程，像只按動「快進鍵」看他的快速敘述和結論了。

到底是大家，我從許倬雲先生的「快進鍵」中，也發現了許多獨特的見解。比如許先生說，漢朝過後的「五胡亂華」入侵中原，罪魁禍首是氣候變化。在西元二百年至西元六百年，地球進入小冰河期，北半球進入了最寒冷的時期，導致北方族群為躲避寒冷紛紛南侵，進向氣候溫暖的地區，不僅中國北方出現了少數民族入侵的「五胡亂華」，北人入侵改變了南方人種結構；在歐洲也出現了大規模的「蠻族大入侵」，引發歐洲人口面貌完全改觀。這種由全球氣候原因引發的劇烈動亂是我們過去所忽視的。

再比如，許倬雲先生提到，中國早就在很多朝代實行過「一國兩制」。「五胡亂華」時期，很多小國的領袖都有兩個頭銜：一個是「大單于」，一個是「大皇帝」。前者意為胡人的領袖，後者是指中國的皇帝。比如鮮卑人拓跋氏族建立的北魏政權，疆域逐漸擴大，統一了中國的北部和草原、沙漠地帶，北部延邊派去駐守的漢人，逐步演變胡化；而在制度上，鮮卑人先後解散了北部的部落，建立起漢人社會的官僚制度。胡人的騎射習俗也改變了漢人文化，從席地而坐演變為坐在椅上、睡在床上，從進門脫鞋變為穿鞋入門，從寬袍大袖改為窄袖長衫，房間高度、窗戶位置都提高了。這才逐步過渡為我們現在文化、習俗。

最有代表性的，是在唐朝——典型的胡漢雙軌制。唐代的政權包括兩部分，除了漢人之外，就是廣闊的胡人族群，從今天的東北延伸到中亞。地方政權有很大的自主權，很多事情不用請示中央，自己就能決定。胡人認為李家也是胡人，因此稱為「天可汗」，也即天下的共主。所以在伊斯蘭教崛起時，中亞很多取得唐朝官號的羈縻州府（實際為部落）被打敗，大批奔來中國，唐朝只能在甘肅、寧夏、山西、山東等地予以安置。唐朝的大將裡，安祿山是雜胡，高仙芝是朝鮮人，李光弼等是回鶻人。唐代對外貿易活躍，也有很多外國商人在中國落戶生根。唐代政府對他們的管理方式是，讓他們自己選舉「薩寶」來管理自己的內部事務，對待阿拉伯人和猶太人都是如此，實際上就是早期的僑民領事官。

進入遼金元時代後，遼國由契丹人建立，是又一個典型的一國兩制的二元體制。北方以胡法治理，南方以漢法治理；北方是部落，南方是州郡，州郡之中又穿插了很多北方胡人駐防的地區。女真人打敗契丹人，進而佔領中原，也是採用一國兩制的方法來管理國家。在許倬雲先生看來，清朝也是最徹底地實行二元體制的代表，而且維持了長時間的穩定。清朝皇帝每年在承德接見蒙古王公、西藏喇嘛和新疆少數民族的首領，那是代表滿洲大汗的游牧朝廷；而在關內十八省，則是以滿族皇帝來統治中國。在朝廷乃至六部，也都由滿員和漢員兩個班子共同管理事務，從上到下都實行的是二元體制。

許先生所言的「一國兩制」，與現在的「一國兩制」政治形態多有不同。但可以看出來，對待當時的政治問題，各個朝代都是多方運用政治智慧來很好解決的。這對我們解決好當代的事務，也有很大的借鑑意義。

雜種的日本與文明的興衰

其實日本人絲毫也不諱言他們的文化是一種雜種文化，並且認為正是文化的雜種性導致了其近代的崛起。

日本到底是怎樣一個國家？中國和日本的關係在近代為何屢屢生變？這恐怕是一個值得當代中國人思索的一個問題。

前幾天淘了一套《六十年來中國和日本》（一至七卷，上海書店出版），就是為了徹底搞清這個問題。翻檢手頭收集的資料，發現關於日本的著作竟已經成為一個系列，最早的是明朝萬曆年間李言恭的《日本考》（中華書局出版）。雖然中國從唐宋就與日本交往頻繁，但真正對日本進行專題研究卻是在明朝。因那時中國沿海屢屢受倭寇騷擾，抗倭必先知倭，因而出現了《日本考》、《日本風土記》等一系列著作。

而與此時相若（一五八五年），葡萄牙傳教士路易士・弗洛伊斯寫了一本《日歐比較文化》（商務印書館出版），雖只記錄了歐洲人與日本人在生活和心理各方面的差異，但細節頗有意思，如：「歐洲人認為大眼睛美麗，而日本人則認為大眼睛可怕，而瞇縫的眼睛美麗。」「在歐洲，財產為夫婦共有。在日本，夫妻各有自己財產的份額，有時妻子向丈夫放高利貸。」「歐洲人施行堅信禮後並不改變名字。在日本，一生中要改五、六回名字。」

《日本考》的校注者汪向榮先生曾在戰火紛飛的一九四〇年留學日本，他對中日文化的差異和對日本的認識都更加深刻。汪先生在《早年留日者談日本》（山東畫報出版社）中，對日本的總結很能發人深省：「日本人單個的時候，非常和氣，非常有禮貌；可是三個日本人以上，就非常兇狠。這應該是明治教育的力量，強調團結一致。所以那時日本軍隊這一集體，就成野獸了。韓國人、日本人都有個習慣，就是不用外來貨，就民族性而言，這一點我們應該學習。」汪先生在一九九五年就深刻預見到中日關係的走向，認為：「中日關係這樣發展下去好不了。日本現在已經在經濟大國的基礎上，向政治大國走了。當然軍事大國它還不敢走，但等政治大國完成以後，當上聯合國常任理事國之後，它馬上就會走軍事大國之路的。它是個小島國，要資源沒資源，要市場沒市場，到時怎麼辦呢？還是要向外發展，最近的是韓國，第二還是中國。」

要搞清日本的這種擴張性，深刻洞察日本文化極為關鍵。日本人加藤周一的著作《日本文化的雜種性》（吉林人民出版社出版）就是理解日本文化的一把鑰匙。日本近代以來，快速發展最成功的經驗就是避免了「全盤西化」和「全盤國粹化」。相對於英法文化的純種，日本文化則相容並蓄，對我有用的統統拿來。其實中國文化曾經多麼富有包容度啊，來自印度的佛教已徹底本土化，來自日本的「政治」、「總理」、「幹部」、「經濟」、「哲學」、「健康」、「衛生」、「發明」等詞彙也徹底融入了漢語。但現在怎麼就是有人要把文化搞得純而又純呢？什麼杜絕洋節、抵制洋詞之類，這會不會讓我們的文化、我們的文明變得弱不禁風？

關於日本的著作近年一直是出版熱點，對此有興趣的還可以讀一讀黃遵憲的《日本雜事詩》、戴季陶的《日本論》、小泉八雲的《日本和日本人》、本尼迪克特的《菊花與刀》、葉渭渠的《日本文化史》等，知己知彼。

用情人的眼光觀察自己

深諳日本文學幽暗之美的谷崎潤一郎，認為日本人是「一個不屑露骨地表現戀愛、而且對色欲也十分淡泊的民族」，他們都以「女人是男人的私有物」，所以擅長「以漆黑的帷幕把幽居暗室的女性身體包藏得非常嚴密」。所以在日本的茶室裡，可以掛上書法或繪畫，卻禁止以「戀愛」作為主題，寫作戀愛題材的戲曲和小說也會被視為是品格低劣之作。

現代以來，情況有了很大改觀，而川端康成和谷崎潤一郎筆下的男女之情也都別出機杼，有一種別樣的畸形之戀、病態之美。比如川端康成筆下的《睡美人》，耄耋老人專為欣賞昏睡的如花似玉的女體而來；比如谷崎潤一郎的《春琴抄》，為了不看到毀過容的春琴，徒弟不惜刺瞎自己的雙眼。這種凡人難以理解的行為，在他們筆下卻成為常態。

與川端康成和谷崎潤一郎同時代的岡本加乃子，不免受到他們的影響，以女性視角在《老妓抄》中也演繹了這種畸形之美。

作為《老妓抄》這部中短篇小說集的主要篇目，《老妓抄》就讓我們看到了這種變異。小說主角老藝妓園子，有些積蓄，按資歷已經可以任意選擇所服務的客人了。她看到電器行的青年柚木喜歡搞發明，就提出由她供給吃住，來讓柚木專心來搞發明。其間，老藝妓的養女道子好像看上了柚木，經常來騷擾他。而柚木好吃好喝、無所事事，身體胖了一圈，日漸沒有了發明的欲望。老藝妓仍然不離不棄地養著柚木，以至於讓柚木以為是她想撮合道子和自己，好讓他們一同照顧老藝妓？於是，柚木頻繁離家出走，老藝妓讓電器行老闆把柚木一次次找回，卻沒有任何怨言。老藝妓的感慨是，「衰老一年年增加了我的傷感，而我的生命卻更加繁華璀璨」。

一個匪夷所思的故事，一個不可思議的動機，出乎所有人的意料。用佛洛伊德理論解釋，這種做法實際上是由一種寂寥感而產生的補償。老藝妓想以自己的所得，使別人對自己產生一種依賴感，也是移情的一種方式。這種生命美學與川端康成何其相似。

而在《鯉魚》篇裡，小和尚阿昭每天都要用祭祀用的生飯來餵河川裡的鯉魚。一個雨天，阿昭在河堤上發現一名昏迷的女子早百合，阿昭就用生飯救活了女子。因在戰亂中，女子無處可逃，阿昭就讓就躲在河邊的遊船中，自己天天送飯。一次女子讓阿昭陪她到河中洗澡，雙雙被和尚們發現。後阿昭被抓，住持暗示他承認跟自己在一起的是條鯉魚，於是阿昭漸漸悟出禪機。而主持的結論是，阿昭經常向鯉魚佈施，所以鯉魚們給予回報，這是功德所致。後來阿昭專門另開了間鯉魚庵，早百合也成了京都的名舞妓，並成為鯉魚庵最大的施主……

這篇小說，更是由女子與鯉魚的意象變化中，具有了幾分禪意。到底是女子由鯉魚而變，還是鯉魚幻化成了女子？但只要救了，這就是功德。這是頗有幾分聊齋志異風格的小說，也顯示岡本加乃子筆下的意趣。

這倒使我們對何以影響岡本加乃子產生了探究的興趣。川端康成在《一個文人的感想》裡寫道：年輕女子的小說自傳性的作品居多，而男性作家可以通過在書齋中辛勤筆耕來發揮自己。醜婦和處女只瞭解一般人生，女性文學家也無非是用幾個情人的眼光來觀察自己。

不能不說川端康成的眼光有些毒辣。加奈子四十九歲突發腦溢血而死，短短的閱歷中，應該說幾個情人是她創作的源泉。

岡本加乃子結婚後，先是當漫畫家的丈夫花天酒地、生活放蕩，待女兒早夭後她精神崩潰，自殺未遂。後來丈夫幡然悔悟，改弦更張，決心守護好加乃子。加乃子與早稻田大學的學生墮入情網，丈夫竟然同意加乃子將此學生帶回家同居，上演了一幅三人行奇劇。後來此學生又移情戀上了加乃子的妹妹。

關東大地震後，加乃子因病住院，又愛上比自己小九歲的外科醫生。其間丈夫作為報社特派員去倫敦參加會議，加乃子竟然帶著情人一同前往，足跡踏遍歐洲。在她突發腦溢血時，身邊還有一位男性與她同行。

據說，是丈夫的縱容使加乃子對女性的情愛產生了奇特的感受，因而靈感迸發，映照在她的文學創作中，因而有了奇異的想像和五光十色的故事。加乃子一生與芥川龍之介、谷崎潤一郎、川端康成等大家都有交往，這也在一定程度上使她的創作風格更加繁複了吧。

誰有「信口編造的特權」

錢鍾書先生在《走向世界》的序言中說過：「像大名流康有為的《十一國遊記》或小文人王芝的《海客日談》——往往無稽失實，濫用了英國老話所謂旅行家享有的信口編造的特權。『遠來和尚會念經』，遠遊歸來者會撒謊，原是常事，也不值得大驚小怪。」因此勾稽、查驗遠遊歸來者編的故事是真是假，倒成了一份養活不少人的新職業。

這裡說的兩本新書都與情色相關，卻是走在真實與撒謊的兩極。

隨筆作家小白繼二〇〇九年的文集《好色的哈姆萊特》引來一片叫好聲之後，又於二〇一二年推出新文集《表演與偷窺》（上海譯文出版社二〇一二年十月版），延續了討論情色與性的話題。小白直接從歐洲歷史中打撈了「逝去的影像」：古希臘人使用的陶器上充斥著色情圖像，畫面裡「鹹豬手」逡巡其間；黑繪陶瓶上描繪著淫亂的宴飲場面，眾人跳著展示原始慾望的舞蹈；通過衣褶畫法的若隱若現和雕塑技法的提高，更加能夠表現輕薄衣物後的曼妙形體；在古羅馬龐培遺址的挖掘中，發現大量妓院和浴場內的淫穢塗鴉和交媾鑲板壁畫；還有《巨人傳》中高康大給自己的僕人做衣服時要做一個「華麗」的褲襠袋，以顯示男人的雄性，等等。古希臘人擅長寫實，但他們絕不隨意畫出自己的眼睛看不到的部分，因此解剖圖是義大利人發明的。具有醫學博士學位的拉伯雷在《巨人傳》中充分論證「女人在丈夫死後第十一個月內生養孩子不但可能而且合法」，並且在肚子裡遲遲不肯落地的胎兒一定是個「精品」。因此女人在新寡的兩個月內盡可以毫無顧忌地尋歡作樂，就算是第三個月肚子變大，仍舊可以把孩子算作是死者的。

這些妙趣橫生的知識填補了我們以往學識的空缺。看著小白在法語、義大利語、希臘語、古英語中從容出入，為我們擷來一朵朵有關情色的花絮，使我們得以在對歷史的消遣中大快朵頤。而且，這些前現代色情藝術研究也為我們解開了一個個藝術史難題；畢竟，藝術史更多是男人生產、男人消費、也是由男人書寫的。

另一個老男人消解的歷史更為我們帶來了智慧的挑戰。埃蒙德・巴恪思爵士撰寫的《太后與我》（臺灣印刻出版公司二〇一一年七月版），以他獨特的身分（英國沒落貴族，在北京居住四十三年，精通漢語、蒙古語、滿語），深諳中國國情，具備了足以迷惑人的履歷和編造故事的可能。如果說《太后與我》是一本回憶錄，人們都會驚異於巴恪思對中國宮廷的詳盡描繪、對話的細緻程度和他與慈禧太后的「忘年之交」。巴恪思對中國民間流行的所謂「斷袖」、「龍陽」故事十分精通，本書開始就是他與像姑的同性之戀，然後雜以鞭笞的虐戀、春藥、肛交、品簫之類，「中國元素」十分齊全。爾後，巴恪思由於保護圓明園中的珍寶有功，以三十二歲年齡進入宮中，成為六十九歲的慈禧太后的英國情人。在巴恪思筆下，老佛爺的身體保養得就像少婦，乳房緊致、臀部渾圓，而且性慾極強，曾經一夜三次消遣巴恪思；同時，老佛爺還有法國、德國情人各一名，而那位法國情人在一夕歡愉後猝然斃命。

這一切是多麼八卦、多麼能滿足歐洲人對神秘中國和那個幕後女人的奇異想像！只可惜他的筆法過於神奇，連他是否進入過宮廷在其他人的紀錄裡也找不到任何蛛絲馬跡，這就形成了孤證。相反，齊魯書社曾翻譯出版過英國歷史學家休・特雷弗・羅珀的《北京隱士：巴恪斯爵士的隱秘生活》，裡面就揭露巴恪思「有計劃、有步驟地偽造證據，欺世盜名」，說他的回憶錄「根本就是傷風敗俗的淫穢之作」。因此，說《太后與我》是一本爛書還有些過頭，只能說這是一本打著回憶錄名義的黃色小說，作者的想像力十分驚人而已。

寫在英國大報邊上

《走進英國大報》，是南方日報出版社推出的《走進美國大報》、《走進日本大報》系列中的一本。此前我看過《走進美國大報》，而關於美國報紙的操作，中國已有多本專著介紹，我們瞭解的要多一些，而英國報業的情況更鮮為人知，也更吸引我讀下去。這本書的作者唐亞明，是深圳報業集團派往英國進修一年，對英國報業情況進行專題研究的。人們常說英美等發達國家的報業市場的今天就是我們的明天，雖然國情不一樣，學習、借鑑他們的經驗也能給我們很多啟發，使我們少走很多彎路。

報紙圍著電視轉

看電視是英國人的一大習慣，所以英國電視創造的新模式居於世界之冠，電視節目擁有龐大的觀眾群，如「英國達人」、「探險者」等等欄目，都是由英國電視人創造後才克隆到世界各地的。例如「英國達人」，尤以評委的言辭刻薄、粗魯著稱，一度為湖南衛視的「超級女聲」所效仿。而英國的報紙也在利用電視的影響做大自己，借助電視最成功的是《每日星報》，它的主編彼得・希爾說：「我們生活在一個電視時代，而不是核時代。然而很多報紙的老闆和記者還想對電視的存在視而不見，這是胡扯。因為現在電視是新聞的主要提供者，而報紙則是新聞的主要解釋者。如果報紙僅僅局限於傳播新聞，它們最終必然消亡。」人們喜歡看電視，同時也喜歡讀跟電視上有關的人和事。希爾認為，隨著越來越多的二十四小時電視新聞開播，以及互聯網的發展，這一趨勢將持續下去，這意味著報紙必須提供更多增值的東西。對大報來說，要有更多調查性報導和解釋性報導，對小報來說，就意味著要有更多的娛樂。與電視聯姻，我想，這就是《每日星報》最早做的「全媒體」嘗試吧。

重點影響周圍的十個人

主編怎樣影響其他人？《每日快報》的主編威廉姆斯說：「我們共有員工二百四十人，但大概只有十個左右的人真正知道我在做什麼、我想什麼，因此，我重點抓住這十個人，依靠他們來開展工作。這十個人包括新聞主編、攝影主編、特寫主編、體育主編、娛樂主編和我的副主編等，我的想法靠他們去落實。」這十個人也就是他們開編前會的主要人員，主編的想法再通過這十個人層層傳遞、落實下去。那麼，什麼是好新聞呢？威廉姆斯認為，有利於促銷報紙的新聞就是好新聞。「最大的壓力就是從包羅萬象的眾多新聞中判斷那條是最重要的，放在報紙頭條，強化處理，第二天，這條新聞會成為全國性的話題。」這既是一項具有挑戰性的工作，同時看著自己的判斷成為眾口流傳的話題，也充滿了成就感。

理解讀者需求

二〇〇二年，三一鏡報集團換了一位女總裁斯萊・貝利，她上任後的三把火之一是「策略檢討」，她認為報紙採編方面應該「更好地理解讀者的需求以及報紙在讀者生活中的地位」。她委託獨立機構進行市場調查，問那些過去的讀者、最近停止買我們報紙的人，問他們為什麼不再買報紙了。這個研究隊伍還坐在單向玻璃後面，像觀察嫌疑人一樣觀察整個過程及讀者的反應。「九一一」事件後，三一鏡報集團旗下的《每日鏡報》，其主編提出要轉型辦成一份嚴肅性報紙，以嚴肅的國際新聞、政治新聞以及移民等嚴肅題材的新聞來取代娛樂新聞、名人新聞，但讀者不買帳，導致該報的發行量逐月下滑。讀者並不喜歡這個，他們希望報紙上有更多的娛樂。女總裁斯萊・貝利也覺得《每日鏡報》應該做「有趣的嚴肅新聞」。相反，一個突出的例子是，《每日鏡報》以三十萬英鎊買下戴安娜王妃的前管家的保羅•伯勒爾故事的獨家報導權，連載一星期就使該報在多賣了一百五十萬份報紙。這就是市場。

知道報紙是為誰辦的

《每日郵報》的定位是偏向女性，瞄準的是富裕家庭，因為她們是有購買力和消費決策權的。報社的決策者很清楚報紙是為誰辦的，所以他們給描繪了這樣一幅圖景，讓記者在寫稿件時始終牢記：丈夫、妻子、兩個孩子和他們的狗，他們只是普通人，工作刻苦，希望孩子有更好的生活，接受良好教育，有更好的健康服務、有足夠的錢來供房。這樣，記者就知道讀者需要什麼、稿子該怎麼寫了，而不會寫那些目標讀者不關心的稿件。英國報業聚集地的艦隊街有這麼一個笑話：《泰晤士報》是辦給那些管理國家的人看的，《每日郵報》是給管理國家的人的妻子看的。因為《每日郵報》男女讀者比例是52:48，男女性別較為均衡，而其他報紙的女性讀者比例是遠遠低於男性讀者的。

一份報紙出三個版本

《太陽報》每天有個三版女郎，不像《泰晤士報》、《每日電訊報》、《金融時報》那樣的嚴肅大報，而是走輕鬆、通俗路線，應該相當於我們的都市報，甚至比我們的都市報更低俗一些。它在頭版上幾乎天天都強調「獨家」，雖然有些是包裝手段，都有相當一部分是經過精心策劃、記者深入調查得來的內幕消息，其中，隱性調查是他們常用的手段。因為《太陽報》的發行量有三百五十萬份，要發行到英國全國（英國國土面積為二十四點三六萬平方公里，比河南省面積十六點七萬平方公里大一些），所以每天要出三個版本，第一個版本晚上8:30就開印，發往英國偏遠地區；第二個版本晚上10:30開印，送往英國中部及倫敦邊緣地區；第三個版本是凌晨一點鐘付印，主要供應大倫敦市場。「如果我們稍遲一些，我們就會失去其中部分目標市場。」——這就是他們對待發行時效性的態度，所以，推遲印刷、上報攤幾乎是不可能的。而《考文垂晚電訊報》則每天出六個版本，以供應不同的地區，對不同的地區，都調整增加了一些當地新聞。這種針對不同地區讀者需要推出地區版的做法在《南方都市報》早已實行，只不過內地的新聞管理部門的思想尚未跟上時代與市場的轉變而已。

開發週六報紙

以前，英國的大部分報紙的週六版都是一週中銷量最少的，這一點與中國的情況幾乎相同。但在一九八八年，《獨立報》推出週末雜誌和專門的週六板塊，受到讀者熱烈歡迎，使得報紙從平時四十萬份的發行量，在週六增加了三萬份，帶動了其他報紙競相效仿，大力投資週六版，從而使週六版成為一週中銷量、廣告收入最好的一天。而星期日報紙是英國傳統的一個獨特品種，大多附送有CD、電視收視指南、各種雜誌等，有很多平日不買報紙的人也愛買份星期日報紙，其厚度足夠餘下的一週時間閱讀。而週六報紙的崛起分割了星期日報紙的市場，也形成了一個重要的廣告市場。看來閱讀習慣也是能改變的，只是需要培育而已，就看你捨得花這個工夫不捨得了。

促銷秘招

《每日郵報》的促銷秘招就是：我既要有一個高品質的產品，同時在促銷上活動密集、捨得投入。它的總經理齊特爾談到他們的促銷效果時就說：「當人們從電視、電臺或任何管道得知我們的促銷消息時，就會想，如果我明天不買《每日郵報》，那我就太蠢了！」比如，在《每日郵報》上可以得到一個搬家或免費的度假遊，可以得到一個去歐洲的免費機票。讀者只要連續集齊二十天的報花，然後填寫一張申請表，就能得到一張免費機票。而報社是花三十萬英鎊買了五萬張機票，每張機票只花了六英鎊。他們還送過CD，通過電視廣告告知大家。這在英國的報社可以說是普遍的做法了，《太陽報》副主編沙特漢說，《太陽報》可以說是英國最大的「旅行社」。這實際上就是英國報紙的活動行銷，通過廉價換取的活動使報紙增加「黏性」，把讀者牢牢地吸引在自己周圍，這樣就能提高閱讀率、提高廣告價值。

好專欄賽過多少個促銷員

《每日郵報》有個女記者叫琳達・李波特，她在報紙上主持一個婦女專欄，頗受歡迎，有很多鐵桿讀者，她的專欄在每週三刊出，有二百四十萬讀者為看她的專欄買這份報紙。一個好專欄賽過多少個促銷員，而每份報紙都有多個這樣的名牌專欄。當然，報社給她的收入也很可觀。我想，她的專欄類似中國的連岳在《上海一周》上開設的情感問答「我愛問連岳」，或者美國電視劇《慾望城市》中的那個性感的兩性問題專欄女作家凱瑞的文章。這些專欄是很受歡迎的，擁有很多的擁躉者。我知道的是，連岳的專欄開在哪裡，就會有很多讀者跟到哪裡，定期去買這份報紙，連岳的文章集結成書，也會讓那些小白領們爭相購買。因此，《每日郵報》記者的平均年薪是四點五萬英鎊，而琳達・李波特的年薪就有幾十萬英鎊。國外的報紙除了簽約的專欄作家外，都有自己報社的專欄作家，這些五花八門的專欄對吸引讀者有很大的作用。相反，想想我們的報紙，有幾個能夠吸引讀者、形成口碑的好專欄及有影響的專欄作家？這是不是一個很大的缺失呢？

期待譯成中文的十部外國小說

看過止庵先生寫的《十年於茲》和《期待中的譯作》，他列舉了一些名氣甚大但中國尚未翻譯的著作，前一陣子在微博中回顧舊作時說：「所列十本，現還有五本沒出：【俄語】尤里・奧列夏《嫉妒》；【德語】托馬斯・曼《浮士德博士》、赫爾曼・布洛赫《維吉爾之死》；【法語】路易・費迪南・塞利納《緩期死亡》；【西班牙語】奧古斯托・羅亞・巴斯托斯《我，至高無上者》。」而已出的五本是：【俄語】亞歷山大・索爾仁尼琴《紅輪》（未出齊）、【法語】若里・卡爾・于斯曼《逆流》、【德語】阿爾弗雷德・德布林《柏林，亞歷山大廣場》、【英語】瑪律科姆・勞里《在火山下》、托馬斯・品欽《萬有引力之虹》。

止庵所列諸書都是讀書界期待已久的，例如《緩期死亡》發表於一九三六年，《維吉爾之死》問世於一九四五年，《浮士德博士》出版於一九四七年，都長達七八十年而沒有中譯本；距今最近的《我，至高無上者》出版於一九七四年，也有三十多年了。當然，有文學價值的書未必都會有銷量，你看中的書出版社未必就會感興趣；這是無可如何的事情。

所以，想明白這些，心境就會平和很多。我這裡開列的書單也只能作為一種期待，能成為出版社的選擇當然更好。

我因為前陣子與朋友一同編譯《紙上的王冠——誰是下一位諾貝爾文學獎得主》一書，裡面涉及了很多知名作家及作品，對其中在世界上影響很大但遲遲沒有中文譯本的著作稍有瞭解。在這裡，也把世所公認的小說名作篩選出十本，算是有所期待云。

一、古巴小說家吉列爾莫・卡夫雷拉・因凡特（Guillermo Cabrera Infante）的《三隻憂傷的老虎》（Tres tristes tigres）。卡夫雷拉・因凡特也被歸入拉美爆炸文學的作家之列，後來因與卡斯楚政權意見相左，從外交官崗位上流亡到馬德里，後又到倫敦定居。《三隻憂傷的老虎》是自傳體作品，出版於一九六六年，評價是「想像奇特、語言幽默而帶有色情意味」。他在這

部小說中描述了自己在哈瓦那的夢遊生活，告訴我們他是如何發現了自己最喜愛的主題：英語、電影、文學、音樂。英國評論家邁克爾・伍德在《沉默之子》中稱其為「一鍋哈瓦那大雜燴」，按我的理解，是有好小說那種足夠的「混沌感」吧。

二、美國作家威廉・蓋斯（William H. Gass）的小說《隧道》（The Tunne）。威廉・蓋斯是學院派，一方面當著哲學教授，一方面寫著小說，是公認的後現代著名小說家。蓋斯的隨筆也非常精彩，連年入選美國年度最佳隨筆。這部《隧道》被稱為史詩小說，出版於一九九五年，整個創作過程花去了他二十六年時間。美國評論界對《隧道》的評價是「讓人大為光火的、極具冒犯性的傑作」，也有人稱它是「成就驚人、顯而易見是本世紀最偉大的小說之一」，並稱之為「一部冷酷的黑色小說，令人敬畏而絕望」。當然這些評語也許跟我

們常見的印在腰封上的推薦語差不多，但我以為當得起「本世紀最偉大的小說之一」（當然是二十世紀）稱號的書並不多，因此值得期待。

三、西班牙作家胡安・戈伊狄索洛（Juan Goytisolo）的《算計者朱利安》（Count Julian）。這是罕見的三兄弟都是作家，根據年齡大小依次是大哥何塞・奧古斯丁・戈伊狄索洛（José gustín Goytisolo，已去世）、二哥胡安・戈伊狄索洛（Juan Goytisolo）、小弟路易士・戈伊狄索洛（Luis Goytisolo）。其中這兩個小弟的創作生涯都成就不俗，名字經常出現在諾貝爾文學獎候選榜上。《算計者朱利安》創作於一九七〇年代，以一種直言不諱的方式，表現了朱利安這個在西班牙歷史上臭名昭著的叛國者的另一面。用戈伊狄索洛自己的話說，他虛構了「關於西班牙的神話、它的天主教義和民族主義的毀滅，對傳統的西班牙進行了文學上的

攻擊」。他稱自己是「向阿拉伯入侵敞開大門的偉大的叛國者」。作品在佛朗哥時代的西班牙遭禁，後來才解禁。傾向叛國者，僅僅這一角度就令人著迷。

四、摩洛哥作家達哈・班・哲倫（Tahar Ben Jelloun）的小說《那眩目致盲的光》（Cette aveuglante absence de lumière）。班・哲倫曾經以《神聖的夜晚》一書獲得過法國龔古爾獎，其後又寫出《錯誤之夜》這樣的驚世之作。二○○○年，他出版了《那眩目致盲的光》，講述了一九七一年被指控參與針對當時摩洛哥國王哈桑二世的政變軍官在政變失敗被捕後的獄中經歷。那些政變軍官被關押在摩洛哥東南部的塔茲馬瑪律特監獄。在被關押的二十年中，許多政變軍官受到了非人道的待遇，而當局對外一直否認塔茲馬瑪律特監獄的存在，直到一九九一年才迫於國際社會的壓力把這些軍官釋放。這部小說獲得了二○○四年的國際IMPAC都柏林

文學獎，我相信它選擇的眼光。

五、西班牙小說家哈維爾・馬里亞斯（Javier Marias）的小說《靈魂之歌》（Todas las almas）。這也是一部奇作，在小說中馬里亞斯濃墨重彩描寫了英國詩人約翰・高茲華斯。約翰・高茲華斯在第二次世界大戰時參加過英國皇家空軍，曾在北非服役，戰後在倫敦與一批文學青年廝混在一起，雖然貧困潦倒，卻混上了個無人小島雷東達王國第三任「國王」的頭銜，自稱為「胡安一世」。在「胡安一世」時期，眾多歐美文學界名人紛紛樂意地接受「胡安一世」的分封，成為「雷東達王國」的「貴族」和「臣民」。誰知，馬里亞斯的這部小說深深打動了雷東達王國的繼任「國王」喬・威恩・泰森，一九九七年在其退位後將「王位」傳給了馬里亞斯。這部能換來「王位」的小說究竟是什麼樣？我懷著濃厚的興趣想看一看。

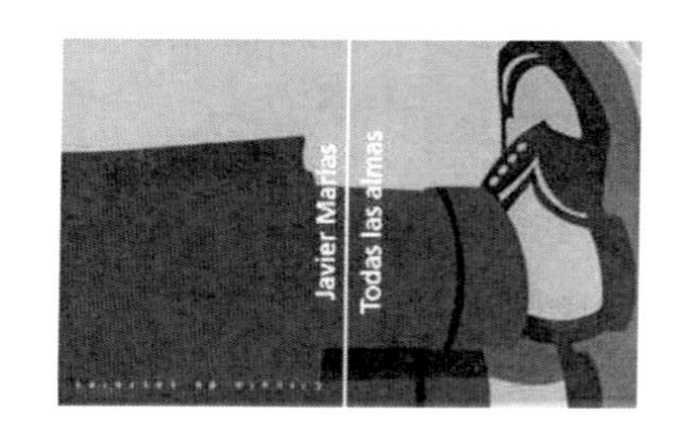

六、美國小說家科馬克・麥卡錫（Cormac McCarthy）的小說《沙雀》（Suttree）。麥卡錫的「邊境三部曲」已譯成中文版，以其描寫西部的凜冽而打動讀者。這部《沙雀》斷斷續續寫了二十年，被評為麥卡錫「迄今為止最出色的作品」。麥卡錫的作品幾乎部部都值得期待，《沙雀》可能沒有《血色子午線》厚重，但一個重磅作家的輕靈更能顯示他的另一面。

七、匈牙利作家納達斯・彼得（Nadas Peter）的小說《回憶之書》（Book of Memories）。這是納達斯的第二部小說，他花了十一年時間來寫這本書。這本書的箴言來自約翰福音：「但耶穌這話，是以他的身體為殿。」納達斯將世界描述為一個人們連接彼此身體的關係系統，此書讓納達斯一舉成名。美國評論家蘇珊・桑塔格說「《回憶之書》是我們這個世紀最傑出的小說作品之一」，還有評論認為「已然達到了普魯斯特的高

度」。什麼樣的書當得起這樣的評語？

八、肯亞小說家恩古吉・瓦・提安哥（Ngugi wa Thiong'o）的小說《烏鴉奇才》（Wizard of the Crow）。恩古吉原來用英語寫作，後來放棄基督教，改掉英文名字，開始用本地的吉庫尤語寫作。他因為反對專制政權，一九八二年流亡至倫敦，後來在美國的大學任教。二十二年後的二〇〇四年八月，恩古吉才回到家鄉肯亞，當月他居住的公寓就遭到搶劫，本人被毒打，妻子遭強姦。為此，他只有再次離開肯亞返回美國。此後，恩古吉創作小說《烏鴉奇才》，作品採用魔幻現實主義和誇張的手法，讓後現代的耶穌在一次意外中把自己變成了烏鴉巫師。他虛構了一個鐵腕統治者下的國家，實際上是在影射肯亞莫伊政權。看這幾句介紹就能撩起閱讀的慾望。

九、美國作家戈爾・維達爾（Gore Vidal）的小說《城市與鹽柱》（The City and the Pillar）。維達爾是美國政治的犀利評論者，前些年經常在電視上抨擊美國政府的所作所為。這部寫於一九四八年的小說，是他最驚世駭俗的作品，描述了兩個青年男子相戀的故事，是美國第一部明確反映同性戀的小說。這裡的「鹽柱」是引用《聖經》裡的典故：索多瑪城將要毀滅，天使通知羅得帶全家逃走，並囑咐他不要回頭看，羅得的妻子違反了諾言，忍不住回頭，馬上變成了一根鹽柱，很有點中國話「再回首成百年身」的意味。描寫同性戀，現在已不足為奇，但我相信維達爾的文筆是與眾不同的。

十、比利時作家雨果・克勞斯（Hugo Claus）的《比利時的哀愁》（Het verdriet van België）。雨果・克勞斯的文學成就跨越了戲劇、小說、詩歌各個領域，還是一位畫家和電影導演。年幼的雨果在德國佔領期間

裡，自己的老師和父親都有過親德行為。這些戰爭時期右翼民族主義者的經歷，都成為克勞斯在一九八三年的小說《比利時的哀愁》中的素材：愛幻想的少年路意，懵懂地面對戰爭對其生活所帶來的變化：父親的通敵、自私、貪婪，母親的婚外情，親人鄰里為求自保不惜相互出賣等等，都在挑戰路意對家庭、道德甚至宗教的信念。在這段戰爭的動盪歲月中，路意遇到了生命的常態與變態、宗教的救贖與迷思，以及死亡的詭譎氛圍。此書已有臺灣譯本，但我還是希望能出個新的大陸譯本。

注：湯瑪斯・曼《浮士德博士》已於二〇一二年三月由上海譯文出版社出版

小說家也過「國王」癮

——哈維爾・馬里亞斯和他的「雷東達王國」

近年的諾貝爾文學獎熱門候選人名單上，一位西班牙小說家的名字頻頻出現其間，他就是哈維爾・馬里亞斯（Javier Marías）。

儘管哈維爾・馬里亞斯在中文世界中還較少被翻譯介紹，但在西班牙語文學界乃至世界文壇中，他可是個大名鼎鼎的人物。馬里亞斯著有長篇小說、短篇小說、散文、評論等數十卷，作品已被譯為三十四種語言在五十多個國家刊行，早在一九九六年，德國評論家列赫

蘭尼斯基就稱他是「當代最偉大的作家之一，只有加西亞・馬爾克斯能與他相提並論」；美國書評家艾米賽爾・羅伯特評價「馬里亞斯是一位活著的大師」；西班牙《世界報》稱他是「一位天才，一位具有里程碑意義的真正藝術家」；英國《觀察家報》評論近年諾貝爾文學獎時，毫不掩飾地說「馬里亞斯下次該得的獎，該是諾貝爾文學獎了」。

哈維爾・馬里亞斯的文學成就很高，但他像「過家家」一樣當「雷東達國王」並冊封了很多文學名家為公爵的事卻鮮為人知，講出來或可博大家一燦。

創作、翻譯比翼飛

哈維爾・馬里亞斯一九五一年九月二十日生於馬德里，他的父親胡利安・馬里亞斯是一位哲學家，母親是西班牙文教授。父親因為反對佛朗哥政權而坐牢，此後又被禁止從事教書（在《你面對明天》這部小說中，主人公的父親就有同樣的經歷），因此全家不得不移居美國。他的父親在包括耶魯大學、衛斯理學院等不同大學教書，在衛斯理學院時，他們家與俄裔小說家納博科夫比鄰而居，多年後，把《洛麗塔》翻譯成西班牙文的，正是當時年少的馬里亞斯。

十七歲時，馬里亞斯出走巴黎，此番經歷促使他創作了第一部小說《狼的疆域》。他的第二部小說《沿著地平線航行》，是一個關於遠征南極洲的探險故事。進入馬德里康普頓斯大學後，馬里亞斯的主要精力放在了把英文名著譯為西班牙文上，他翻譯了包括厄普代克、哈代、康拉德、納博科夫、福克納、吉卜林、詹姆斯、史蒂文生、布朗以及莎士比亞等人的作品。一九七九年由於翻譯勞倫斯・斯特恩的《項狄傳》，他獲得了西班牙國家翻譯獎。一九八三到一九八五年間，他在牛津大學講授西班牙文學和翻譯。

一九八六年馬里亞斯出版了《感性的人》，一九八八年出版了《靈魂之歌》，後者的場景設置在牛津大學。一九九六年，西班牙電影導演格拉西亞・克萊赫達拍攝了《羅伯特・瑞蘭茲的最後旅程》，改編自《靈魂之歌》。然而，馬里亞斯撰文稱並不喜歡改編自他小說的這部電影，以致使他與導演及其父親艾利亞斯・克萊赫達長久失和，他是影片的製片人。

他一九九二年的小說《如此蒼白的心》在商業上和評論界都大獲成功，該書英文版是由瑪格麗特・朱爾・柯斯塔翻譯的，馬里亞斯和柯斯塔於一九九七年共同獲得IMPAC都柏林國際文學獎。

「她剛從蜜月旅行回家後不久，便走進浴室，對著鏡子，敞開襯衫，脫下胸罩，拿著她父親的手槍對準自己的心臟……」

一名剛從蜜月旅行回來的國際會議專業口譯，亟欲找尋多年前那顆被抵在槍口下的心，究竟藏了什麼秘密——同樣也是剛度完蜜月，何以如此決絕地結束自己的生命？他想解開謎團，因為死去的是他父親的前妻……《如此蒼白的心》像懸疑小說一樣，一層層地剝開了懸念。

自一九八六年以來，他小說中的主人翁都是這樣那樣的翻譯員，對此，馬里亞斯撰文說：「他們都是放棄了自己聲音的人。」

二〇〇二年馬里亞斯出版了《你面對明天1：狂熱與長矛》，這是他最具文學天才的系列三部曲的第一部。第二部《你面對明天2：舞蹈與夢想》，出版於二〇〇四年五月；該系列完結篇《你面對明天3：毒藥、陰影與永別》於二〇〇七年九月出版。這三部曲在世界範圍內為他贏得了更大的聲譽。

二〇〇六年，馬里亞斯當選西班牙皇家學院院士。其後的幾年，他都是諾貝爾文學獎的熱門候選人。

寫書撿到的「國王」

在一九八八年出版的小說《靈魂之歌》中，馬里亞斯濃墨重彩描寫了英國詩人約翰．高茲華斯。

這個約翰．高茲華斯在第二次世界大戰時參加過英國皇家空軍，曾在北非服役，戰後在倫敦與一批文學青年廝混在一起，雖然貧困潦倒，卻混上了個雷東達王國第三任「國王」的頭銜，自稱為「胡安一世」。

在「胡安一世」時期，眾多歐美文學界名人都紛紛樂意地接受「胡安一世」之封，成為「雷東達王國」的「貴族」和「臣民」。雖然這個王國的合法性備受爭議，但據馬里亞斯所說，他在書中的描述深深打動了雷東達王國的繼任「國王」喬．威恩．泰森，一九九七年他退位後將王位傳給了馬里亞斯。

該事件經過被馬里亞斯寫進了他的「假託小說」《時間的暗面》。《靈魂之歌》得到了廣泛認可，《時間的暗面》是其後續，在小說裡面，有很多人偽託馬里亞斯之口，稱自己才是《靈魂之歌》的人物原型。自從繼承雷東達的王位後，馬里亞斯以雷諾．德．雷東達的名義創辦了一家小出版社，他專門寫了一篇出版說明，題目就叫《雷東達王國》。

那麼雷東達王國是怎麼回事呢？

小島盛產海鳥糞

雷東達島是一個無人小島，面積一點六平方公里，位於東加勒比海。島上懸崖峭壁密佈，富含磷酸鹽，特產是到處堆滿的海鷗糞便。

雷東達島最早為世人所知，是因為哥倫布航海經過該島時，曾將其視作一個航海標記。一四九三年九月二十五日，為了找到印第安人提示的位於伊斯帕尼奧拉東南方的一些大島，哥倫布帶領船隊從加那利群島出發，先是發現了多明尼加島，在繼續向北的航行中，船隊又經過了一系列海島——聖基茨、雷東達、安提瓜、蒙瑟拉特島、尼維斯，這些海島的許多名字都是哥倫布起的。

「雷東達王國」的故事起源於一八六五年，當時，一名叫做馬修・多迪・希爾的愛爾蘭商人航海路經此島，已經生了八個女兒的妻子恰好產下一個男嬰。希爾和幾名朋友登上此島，之後就宣稱此島歸自己所有，並在島上建立「雷東達王國」，希爾自封「國王」。然而不久後，英國政府宣稱該島為大英帝國所有，儘管「雷東達王國」國王希爾表示強烈抗議，英國殖民者仍預備派人到島上開採豐富的磷酸鹽。後來，英國又單方面地宣稱該島劃歸安地卡及巴布達管轄。不過，該島被合併的事實並沒有影響希爾的兒子繼承「國王」。

一八八〇年七月二十一日，當兒子菲利浦・希爾長到十五歲時，多迪・希爾就將自己的「王位」傳給了兒子，成為「雷東達王國」的第二任國王——「菲利浦一世」。但「菲利浦一世」志不在此，不願守著一個孤島過「國王」癮，而是在巴貝多島完成學業後移居到英國，醉心文學並且如願成為一個流行小說家，一生出版了三十多本小說。此後，他再也沒有回到加勒比海的雷東達島。從那時開始，「雷東達王國」後來的歷任國王就一直借居在歐洲。

多人爭戴「國王」銜

「菲利浦一世」於一九四七年死於英國倫敦，死前他將「雷東達國王」的頭銜傳給了自己的朋友、前文提到過的廝混在一起的英國詩人約翰・高茲華斯。約翰・高茲華斯自稱為「胡安一世」，他雖然過得貧困潦倒，卻熱衷於分封爵位，眾多歐美文學名家也都樂意地接受「胡安一世」之封，成為「雷東達王國」的「爵士」和「貴族」。

窮困的「胡安一世」還差點出售他的「王位」。他於一九七〇年死後，「雷東達王國」的王位開始變得撲朔迷離起來，「胡安一世」的朋友亞瑟・約翰・羅伯特和「胡安一世」的遺囑代理人、英國出版商喬・威恩・泰森，都宣稱自己擁有正式的「傳位」遺囑檔。後來，亞瑟・約翰・羅伯特於一九八九年把「王位」傳給了英國諾福克退休教師威廉・蓋茨，也即現在的「里奧國王」；而喬・威恩・泰森則於一九九七年把「王位」傳給了現在的西班牙作家加維爾・馬里亞斯。

儘管兩人都沒有真正踏上過一步那座佈滿鳥糞的雷東達島，但二人都寸步不讓。「里奧國王」宣稱，「雖然我並不想對那座小島宣示主權，但我的國王頭銜在法律上是有效的，它屬於非物質財產，應該受到法律保護。」

教你如何當「國王」

按照聯合國的有關法規，私人如果發現某地區領土歸屬不明，或沒有歸屬，可以申請作為自己的國家。這就是目前存在的「私人國家」（或叫微型國家）。這些私人國家很少有常住人口，而且沒有固定的財政收入，不具備國際社會中的國家地位，卻一本正經的把自己當作合法的一國：設計國旗國徽、成立政府、發行貨幣郵票、頒佈護照……

很多時候，這些國家只是紙上談兵，存在於創造者心目中或寫在互聯網上。它們不同於分裂或者民族自決運動，只是一群人的烏托邦而已，或者是富人的遊戲，就像前些年流行的買個小島自成一統，然後關起門來過「國王」癮。

微型國家研究專家、美國人歐文・S・施特勞斯把它們分為五個等級：

第一級：沒有幾個成員，隨意拼湊而成，沒有實踐行動；

第二級：有較多的成員並組成了機構，但大都停留在紙面或網路上，沒有實踐行動；

第三級：擁有現實中的一些國家象徵，如國旗、國徽、貨幣和郵票，但影響力只限於某一地區；

第四級：擁有現實中的一些國家特徵，如國旗、國徽、貨幣和郵票，同時具備國際影響力；

第五級：最高級的微型國家形態，不僅具備第四級的特點，而且謀求自立、挑戰所在國法律。

雖然微型國家的數量很多，但真正能達到最高級的只有十來個而已。目前在具備這些功能的微型國家有：

摩洛希亞共和國（The Republic of Molossia）；

西蘭公國（Principality of Sealand）；

埃貝斯菲爾德共和國（Republic of Ebbersfield）；

埃爾加蘭・瓦爾加蘭王國；

尼馬克共和國；

自由多尼雅公國；

威斯塔克迪卡大公國；

塞波加大公國（La Principaute de Seborga）；

艾爾格蘭度瓦加蘭特王國（The Kingdoms of Elgaland-Vargaland）；

海螺共和國；

珊瑚群島同性戀王國（Gay and Lesbian Kingdom of the Coral Sea Islands）；

雷東達王國（Kingdom of Redonda）；

西提王國（Kingdom of Citynoland）等等。

雷東達島所在的安地卡及巴布達面積四百四十一點六平方公里，居民大多數為非洲黑人後裔，多數居民信奉基督教，官方語言是英語，目前是中國的旅遊目的地。

封爵、封地過把癮

就像當年的英國詩人約翰・高茲華斯一樣，哈維爾・馬里亞斯繼承「雷東達王國」國王後，也熱衷於冊封名人，有趣的是，這些各界名家也都對授爵甘之如飴，紛紛接受。

被哈維爾・馬里亞斯封為公爵的，都是各領域的傑出貢獻者，包括佩德羅・阿爾莫多瓦（Pedro Almodóvar，西班牙電影導演）、安東尼奧・羅伯・安圖內斯（António Lobo Antunes，葡萄牙小說家）、約翰・阿什伯利（John Ashbery，美國詩人）、皮埃爾・布爾迪厄（Pierre Bourdieu，法國社會學家）、威廉・博伊德（William Boyd，蘇格蘭小說家）、米歇爾・博杜（Michel Braudeau，法國小說家、記者）、A・S・拜厄特（A. S. Byatt英國小說家）、吉列爾摩・卡夫雷拉・因凡特（Guillermo Cabrera Infante，古巴小說家、散文家）、彼得羅・西塔提（Pietro Citati，義大利作家、評論家）、弗蘭西斯・福特・科波拉（Francis Ford Coppola，美國導演）、奧古斯丁・迪亞茲・亞內斯（Agustín Díaz Yanes，西班牙導演、編劇）、羅傑・道布森（Roger Dobson美國演說家、談判家）、佛蘭克・蓋里（Frank Gehry，加拿大建築師）、佛朗西斯・赫謝爾（Francis Haskell，英國藝術史學者）、愛德華多・門多薩（Eduardo Mendoza，西班牙小說家）、伊恩・邁克爾（Ian Michael，英國學者）、奧爾罕・帕慕克（Orhan Pamuk，土耳其小說家，二〇〇六年諾獎得主）、阿圖羅・佩雷斯-列維特・古鐵雷斯（Arturo Pérez-Reverte Gutiérrez，西班牙小說家、記者）、佛蘭西斯科・瑞克（Francisco Rico，西班牙學者）、彼得・羅素爵士（Sir Peter Russell，新西蘭學者）、費爾南多・薩瓦特（Fernando Savater，西班牙哲學家、散文家）、溫弗里德・喬治・錫巴爾德（W. G. Sebald，德國作家、學者）、路易士・安東尼奧・德・維耶納（Luis Antonio de Villena，西班牙詩人、小說家）、胡安・維堯羅（Juan Villoro，墨西哥作家、記者）等。

除此之外，馬里亞斯還設立了一個文學獎，由其冊封的男女公爵們共同評定。除了獎金外，獲獎者還能獲得一片分封領地。歷屆獲獎者是：二〇〇一年約翰・麥克斯維爾・庫切（John Maxwell Coetzee，南非小說家）、二〇〇二年約翰・H・艾略特（John H. Elliott，英國歷史學家）、二〇〇三年克勞迪奧・馬格利斯（Claudio Magris，義大利作家、學者）、二〇〇四年埃里克・侯麥（Eric Rohmer，法國電影導演）、二〇〇五年愛麗絲・孟若（Alice Munro，加拿大小說家）、二〇〇六年雷・布萊伯利（Ray Bradbury，美國科幻小說家）、二〇〇七年喬治・斯坦納（George Steiner，美國評論家、小說家）、二〇〇八年翁貝托・艾柯（Umberto Eco，義大利小說家、學者）、二〇〇九年馬克・弗馬婁利（Marc Fumaroli，法國學者、散文家）。

雖然幹這些事佔用了哈維爾・馬里亞斯不少時間，但他的文學創作並沒有受到影響，反而裡面的很多人物、事件成為了他創作的靈感，他的多部小說對此有所描寫。

也許，過不了幾年，哈維爾・馬里亞斯真有可能問鼎諾貝爾文學獎，到那時雷東達島更能成為一個旅遊熱門地呢。

把這份博彩賠率表當作鏡子

——從二〇〇九年諾貝爾文學獎看外國文學翻譯

二〇〇九年十月一日，七天長假，甲流風聲很緊，我取消了出行計畫，整日價在書房讀書理書。適值諾貝爾文學獎頒獎前夕，英國立博公司把可能獲獎的候選人編製了博彩投注賠率表，按獲獎熱門程度排序，其意當然是方便彩民押注。據說立博公司曾在二〇〇六年成功押中當年的獲獎者土耳其的帕慕克，所以名聲大彰，這個賠率表就顯得格外引人注目。

一

我是把這張表當作國際上各國文學的晴雨表來看的，同時也是一面映照我國外國文學翻譯的鏡子，能看出很多存在的問題。我國的外國文學翻譯重鎮——人民文學出版社（外國文學出版社）、上海譯文出版社、譯林出版社，加上近年在這方面表現突出的世紀文景、作家出版社、重慶出版社、雲南人民出版社、浙江文藝出版社，前幾年在這方面有所作為的灕江出版社、安徽文藝出版社、河北教育出版社等等，歷來都很關注國際上的幾大文學獎項，尤其是諾貝爾文學獎、英國的布克獎、法國的龔古爾獎和法蘭西學院小說獎、美國的普利策獎和國家圖書獎、日本的芥川獎，近年更加上了英國的柑橘獎、惠特布萊德獎和布萊克小說紀念獎，法國的勒諾多獎、費米娜獎和美第奇獎，美國的全美書評人獎和福克納文學獎，德國的書業和平獎和畢希納文學獎，捷克的卡夫卡文學獎，愛爾蘭的都柏林文學獎，西班牙的賽凡提斯獎，日本的直木獎和江戶川亂步獎等。這些獎項裡，我最看重的當然是諾貝爾文學獎和英國的布克獎。雖然對國內這些年一直對諾貝爾文學獎的政治性太強有諸多議論，但哪個獎項沒有傾向性呢？反之，近年的諾貝爾文學獎越來越難預測倒是不爭的事實，彷彿評委會專門跟那些喜歡預測的人作對，你覺得誰熱門，我就偏不睬你。這些年的大熱門米蘭・昆德拉、菲利普・羅斯、湯瑪斯・品欽等屢屢落榜無不應驗了這一說法，直到熬得這些人一個個「含恨死去」或瀕死而後快。而英國的布克獎，我以為是各小說獎項裡水準最高的、最能傳世的，《午夜之子》、《自由國度》、《盲刺客》、《邁克爾・K的生活和時代》無不代表了這一水準，在小說評獎上，我覺得它絕對是高於諾貝爾獎的，事實上獲布克獎的作家後來屢屢獲諾貝爾獎也證明了這一點。反倒是法國的文學流派手法過於新奇、變幻過於繁雜，龔古爾獎的取向也經常隨之搖擺不定，近些年更是為突出其國際性，或者是政治正確性，頻頻發給外裔法語作品，而作品又不見得好，讓人屢屢發出看不懂之感。

二〇〇九年的這個立博賠率表出來後，因為賠率的高低實際上就代表了立博方面的預測標準，賠率越低說明獲獎可能性越大，這種商業標準可能要求其精準度，所以引來了很多分析文章，根據近二十年的評獎情況對二〇〇九年的諾獎可能性做了預測。

我看到的最好的一篇分析是叫《在戲謔和莊嚴之間》的博客，裡面分析說，因為去年的獲獎者是法國人勒克萊齊奧，所以本次排除法國人和法語作品；而進入新世紀以來，已有奈保爾、庫切、品特、桃莉絲萊辛四位英語作家獲獎，按地域和語種分析也予以排除。而上次的詩人獲獎是一九九六年的波蘭人希姆博爾斯卡，詩人已十三年未染指諾獎了；美國人獲獎是一九九三年的托妮・莫里森，也已經十六年與諾獎無緣，以至於美國人諾獎情結幾乎與我們相當；而諾獎的歐洲中心論已經遭到了很多人的抨擊，所以，很多分析都認為今年的獲獎者應該是排除歐洲，在其他大陸、其他語種的作家尤其是詩人中選擇。按照「英語的」和「非英語的」，「小說的」和「詩歌的」來分類分析，這篇博客得出結論，可能性最大的是五個人：

【以色列】阿摩司・奧茲（Amos Oz）

【敘利亞／黎巴嫩】阿多尼斯（Adonis）
【澳大利亞】萊斯・穆瑞（Les Murray）
【荷蘭】塞斯・諾特博姆（Cees Nooteboom）
【斯里蘭卡／加拿大】邁克爾・翁達傑（Michael Ondaatje）

據我看到的一些評論，很多人看好的是加拿大的瑪格麗特・阿特伍德，美國的菲利普・羅斯，黎巴嫩的阿多尼斯，以色列的阿摩司・奧茲，瑞典的特朗斯特羅姆，秘魯的巴爾加斯・略薩，墨西哥的卡洛斯・富恩特斯，希臘的瓦西里・阿列克扎基斯，日本的村上春樹。而在二〇〇九年十月七日諾獎公布前夜，賠率分析家們的口風突然轉向，眾口一詞說獲獎者很可能是出生於羅馬尼亞的德國作家赫塔・穆勒（Herta Müller）。當天赫塔・穆勒的賠率也調整為二分之一，不知是評委會走漏消息，還是賠率分析家們的分析越到最後越接近事實真相。

其實最靠譜的分析，也敵不過最無稽的結果。

十月八日晚七點（北京時間）公布的今年諾貝爾文學獎獲獎名單，果真是赫塔・穆勒。一時間，這個新名字傳遍全球，但此前其在中國的知名度幾乎等於零，美國、法國、英國儘管有赫塔・穆勒的多種譯本，評論家也大都沒關注過這個名字。這個結果再次讓人們大跌了眼鏡。但是，仔細想想，近年的哪一次諾獎結果是眾口一詞、在大家的意料之中呢？不是都是既在意料之外，又在情理之中；既有偶然性，又有必然性嗎？

諾貝爾文學獎評委會給赫塔・穆勒的評語是：「以詩歌的凝練和散文的率直，描寫了一無所有、無所寄託者的境況。」赫塔・穆勒的作品有《窪地》、《那時狐狸就是獵人》、《暴虐的探戈》、《衛兵拿起他的梳子》、《呼吸鐘擺》、《我所擁有的我都帶著》，此前已經獲得多項德國和其他國際文學獎。只是我們目光所及，沒有關注過她而已。中國的《譯林》雜誌二〇〇一年第六期曾翻譯過她的短篇小說《黑色的大軸》，目前中文譯本只有臺灣的一本《風中綠李》，譯者是陳素幸。作品描繪了一群朋友的故事，這其中有學生、老師和工程師，他們在獨裁政權下瓦解了，自殺了。所有的故事在主角和敘述者的聲音之間來回擺盪，所有的故事都讓人對事實與謊言、正義與欺瞞發出深省。友情在生命受到威脅的時代裡擴張到生命裡所有的角落，他們曾經嘗試去賄賂，嘗試去適應，書中描寫他們反抗的姿勢，他們觸犯準則，述說無法繼續活下去的理由，以及一個人自己如何變成一個錯誤。當其中的朋友一個上吊與一個墜樓而死之後，在自殺與弄得像是自殺的謀殺之間就再也找不到任何區別。死亡本身並不會透露死亡的過程。而繩子和窗子則說明了一切，活著的人對此既無法談論也無法沉默。一如作者所寫的：「我們用口裡的話語就像用草叢裡的雙腳一樣會蹂躪許多東西。」應該說，這確實是一個很深刻的主題。

二

我說這份立博諾獎賠率表是一面鏡子，是因為它照出了中國目前文學翻譯與世界主流文學的差距。上榜的作家中，有些中國已經有了全面的翻譯，如菲利普・羅斯、湯瑪斯・品欽、阿摩司・奧茲、略薩、富恩特斯、米蘭・昆德拉、翁貝托・艾柯、村上春樹、伊恩・麥克尤恩等，但也有很多作家在中國極少介紹，有的甚至根本沒有做過任何譯介。為統計譯本情況，我產生了給這些作家的中文譯本編製一個全名單的想法。搜索網路，知道在中文世界這事目前尚無人來幹，於是就著手起來。這件事在以前是幾乎不可能做成的，而現在由於有了網路，各種資訊能夠有效搜索，就好做多了。尤其是有了豆瓣這樣專門的讀書網站，近二十年的中文圖書（包括港臺圖書）幾乎悉數打盡，編製工作就簡單多了。其實在編製工作中，最難的反而是大陸與港臺的譯名（包括作者名和書籍名）的不一致，造成了搜羅、整理不便。我為這事，就整整花了三天時間，有一天還幹了個通宵。

從這個表中能夠看出，中國目前的外國文學翻譯有這樣幾個傾向：一、重美英法；

二、重熱門人物；三、重暢銷書。這三個方面其實是緊密相連的，無法分述。重美英法，意味著其他語種較為薄弱，包括德語、俄語、西班牙語、阿拉伯語、義大利語、日語這些文學佳作頻出的語種，更包括那些少有人知的小語種，如荷蘭語、捷克語、波蘭語、意第緒語、波斯語等等。我們都知道，魯迅對東歐、北歐的一些小國家的文學是很重視的，曾翻譯了很多作品。美英法是大語種，加之本身就是文學大國，英語和法語使用國家多，作品傳播快、影響大、翻譯多，這些都是不爭的事實，大家重視也是無可非議的。這些語種的重要作家的主要作品，我們翻譯的較為齊全，如英語的菲利普・羅斯、湯瑪斯・品欽、瑪格麗特・阿特伍德、科馬克・麥卡錫、伊恩・麥克尤恩、保羅・奧斯特，法語的米蘭・昆德拉、圖爾尼埃、莫迪亞諾等，還有其他語種的大作家，如艾柯、略薩、村上春樹等。這些都是公認的熱門人物，作品不僅叫好，市場也叫座，銷路不錯能夠賺錢。而且，每年的幾大文學獎項都是多家出版社爭搶的熱門貨，我統計了一下，十年內的布克獎作品我國翻譯率為百分之百，龔古爾獎作品翻譯率為百分之八十。

但很多已有國際聲譽的作家，我們卻涉及很少，比如西班牙作家路易士・戈伊狄索洛（Luis Goytisol），希臘詩人和小說家瓦西里・阿列克扎基斯（Vassilis Aleksakis），波蘭詩人亞當・札加耶夫斯基（Adam Zagajewski），澳大利亞詩人萊斯・穆瑞（Les Murray），捷克作家阿努斯特・盧斯蒂克（Arnost Lustig），包括韓國詩人高銀，這些我們都沒有中文譯本。黎巴嫩的阿多尼斯呼聲很高，我們總算在二〇〇九年有了譯本《我的孤獨是一座花園》，像荷蘭的哈里・穆里施（Harry Mulisch）、西班牙的胡安・馬爾塞（Juan Marse），我們雖有過一個譯本，但要麼時間已久，要麼譯本太少，重視還是不夠的。

相反的現象是，有些屬暢銷書但文學價值不大的作品我們的翻譯量並不少。有人做過統計，在美國暢銷書名單上的四〇％～五〇％的作品我們都有中文譯本。這一個原因是暢銷書能賺錢，再一個就是我們潛意識中的美國中心論在作祟。我們的這種美國中心論與世界文學的格局還是有很大距離的，而諾貝爾文學獎甚至是遠離美國，以對其政治強勢起到反撥作用。

相比較而言，臺灣的很多文學翻譯，雖然沒有大陸那麼精緻、有底蘊，翻譯的總量不如大陸豐富，但目光要比大陸寬闊。我們很多沒注意到的小語種、邊緣作家，都有了譯本，發現的眼光比我們敏銳，反應速度也比我們快得多。比如二〇〇九年剛公布的諾貝爾文學獎獲得者赫塔・穆勒就是個顯著的例子，獲獎名單一公布，大陸文學界一片譁然，而臺灣早在一九九九年就有了譯本《風中綠李》，而這也是中文世界唯一的譯本，這就很值得大陸文學界省思。再如二〇〇六年獲諾獎的帕慕克的《我的名字叫紅》，臺灣是二〇〇四年翻譯出版的，而大陸出版是二〇〇六年十月。再如奧地利劇作家彼得・漢德克在國際戲劇界已相當知名，大陸恐怕仍是一無所知，臺灣已有譯本；菲律賓作家弗蘭西斯科・荷西、美國後現代作家威廉・蓋斯，在臺灣都有譯本。

這就牽扯到大陸和臺灣的出版體制問題，體制決定了大陸比臺灣的出版社更加急功近利。我詢問過一些出版界人士有些書為何在大陸無法出版，他們的回答都集中在現在出版社對編輯都有考核機制，那些作者不知名、出書後沒有銷路的，往往在選題論證階段就被槍斃，根本無緣進入出版環節。所以大家都盯著暢銷書、賺錢書，起碼是不能出賠錢書。在這種利益的推動下，那些小語種、邊緣作家很難進入他們的法眼。而臺灣由於出版社是註冊制，只要符合條件，任何人都能辦出版社，這就給一些真正的文學愛好者提供了空間。除了一些大出版社反應靈敏之外，那些小出版社人少，自主性強，拾遺補缺，又不用養活那麼多部門和人員，能按照自己的興趣來選擇作品，取捨相對自由，再加上書的印量小，船小好調頭，所以出書範圍反而較廣。要解決這個問題，就牽扯到如何在現有體制下補充和完善的問題，如何發揮那些民營出版策劃工作室作用，進一步實行出版體制創新，是一個不能不考慮的問題。

在一九八〇年代，大陸就出版過阿爾及利亞的阿西婭・傑巴爾《新世紀的兒女》（人民文學出版社），肯亞的詹姆斯・恩古吉《一粒麥種》《大河兩岸》《孩子，你別哭》（均為外國文學出版社），澳大利亞的大衛・馬婁夫《飛去吧，彼得》（重慶出版社）。這些作家不算很主流，但我們注意到了，也有出版的環境。而以現在大陸出版社的實力，已遠非上世紀八〇年代可比，根本不用事事「向錢看」了，只要有恰當的機制、敏銳的反應，做到目光普照應該不是難事。

但願這份博彩賠率表能使我們的外國文學翻譯補上缺漏。

一份純粹個人趣味的書單

其實，一個人的所讀之書，最容易暴露他的趣味和心境。所以，窺視一個人，莫過於窺視他書桌上的書，他的修養、他的格調、他的偏好、他的品性，莫不暴露無遺。

我寫不出一份放之四海而皆準的書單，只能寫出一份純粹個人趣味的書單。因為我看重個人趣味。

我選的這些書，盡可能都是薄一點的，有獨特韻味的，甚至冷門些的，但也都是最優秀的。因為我很信奉一位西哲的話：寫一本厚書，就是犯一份大罪。所以讓我們盡可能少給他們一些犯罪的機會吧，即使有人想「炫技」，也讓他找不著機會！

不過，這年頭愛讀幾本書的人是不多了。當年梁實秋的父親對梁說的那句話「如果家裡倉廩充裕，我願供你再讀十年書」已成絕響，能到陳寅恪那樣等級的「讀書種子」也如鳳毛麟角。我們能做的，無非是在想讀的時候盡可能地找到自己想讀的書而已。

而我是比較偏向個人趣味的。我寧可沒有成就，也不希望犧牲自己的獨特口味。這是我活著的興味所在，也是我區別與他人的特色所在，不然，人云亦云、人行行止，還有什麼意思可言。

所以，我最推崇的讀書態度是沒有任何功利性的，全憑自己的偏好、興趣和口味。這才有自己的內在動力。你想，我們既不想做職業的寫作人，又不想做專業的研究者，讀書還不能由著自己的性子，那還談何樂趣！

現在，來談談我到底有哪些個人趣味吧！

我不喜歡與潮流、與趨勢合污，媒體推薦的、公眾爭相閱讀的，我都懷有一分警惕，我怕壞了自己的口味。我更喜歡別人未注意到的、又有獨特價值的那些東西。

我極為看重版本。不過，我之所謂版本，已非古籍的版本概念，而是講究適當的書要由信得過的出版社來出版，不然寧缺勿濫。否則你是很難從一堆魚目挑出珍珠的。比如經典名著的譯本當然要找商務印書館，新銳學術著作譯本就非三聯書店莫屬，外國小說譯本我選上海譯文、灕江多些，古籍則絕對首選中華書局和上海古籍出版社，當代文學作品自然是人民文學出版社、作家出版社的好些。近幾年，也有一些新秀脫穎而出，遼寧教育出版社、河北教育出版社都手筆很大，出了很多好書，也頗可一看。

對翻譯作品，我極為看重譯者。譯事之難，古來如此。所以一個過得硬的譯者就是一個過得硬的品牌，值得你終生信賴。如梁宗岱、王道乾、畢朔望、戴驄、李文俊、林文月等，你只要看到他們的名字，就可以放心大膽地去買，他們已經為你挑了書、把了關，免檢。

我還極看重裝幀設計。有時候我會為陶醉於一本書的精美設計而買單，更多的時候會又因為不滿意一本書的裝幀設計而放棄。我相信一本好書終歸會有好的設計相配，所以放棄是值得的。我不能容忍一本裝幀惡俗的書籍放在我的書架裡。如上海譯文、譯林出版社等的電影版名著封面，我就堅決一本不買。

我不喜歡讀那些所謂的「美文」，而偏愛那些社科人文著作，尤其是厚重又不乏靈氣和奇思妙想的；隨筆散文，也以知性居多，不喜傷感、濫情之作。

錢鍾書先生嘗謂《管錐編》的責任編輯周振甫是「小叩輒發大鳴」，你也能這些書單中中讀出自己的況味麼？

附：書目

一、中國古籍

1. 《論語》錢穆譯注　三聯書店

學中文不讀《論語》，猶如學英文不讀《聖經》。它既屬於中華文化的背景資料，又可當是一個睿智老人的人生絮語，讀之可獲大收益。

2. 《詩經》程俊英譯注　上海古籍出版社

這是最早的流行歌曲，既能增加詞彙，又翻出新意，愛寫幾筆的你怎能不讀呢？反正每次有人請我給小孩起名字的時候，我都總是先翻《詩經》的。

3. 《莊子》陳鼓應譯注　中華書局

我理解《莊子》的精華即在消極。積極在許多情況下是對的，但由此否定消極就大錯特錯了，比如物價上漲就不能太積極，汽車跑得快了是積極，但積極過度就可能奔向死亡，等等。人類這一百年可能就是奔得太快了，所以才老是出事，得剎剎車了。清靜無為不是不做事，而是不瞎做事。看看，是不是有許多耐人尋味之處？（我讀流沙河的《莊子現代版》和蔡志忠漫畫《莊子》亦覺得蠻有意思的，可參看。）

4.《世說新語》余嘉錫箋疏　上海古籍出版社

魏晉名士的那份放誕率真，比較起現代人生存的壓抑猥瑣，只能是一縷遙遠的絕響。

5.《心經》三聯書店

心經全名為般若波羅蜜多心經，艱深難讀，我們一般閱讀是領會其精神，不必拘泥於原文，所以，讀蔡志忠的漫畫版亦可。此本我已讀數遍，在當今社會人人追逐名利、急功近利之時，此書當可做解毒劑。

6.《陶淵明集》王瑤注　人民文學出版社

過去我是真不懂陶淵明，還寫雜文諷刺他是酒足飯飽後方去東籬採菊的。其實，他不就是古代的不合作主義者兼環保主義者麼？陶雖然只有幾十首詩和幾篇散文，卻足以抵當後世的萬卷雄文。

7.《二十四詩品》【唐】司空圖　中華書局

此書很短，但意境悠長，既可提高文學鑑賞力，又可欣賞是美文，可謂一舉兩得。我就專門請書家為我寫下其中的「典雅」句：「玉壺買春，賞雨茅屋；座中佳士，左右修竹。」好漂亮！

8.《花間集注》華鍾彥注　中州書畫社

是書多寫相思情事，柔靡婉麗，愛寫豔詞豔曲的你又焉能不讀！

9.《西廂記》【元】王實甫　上海古籍出版社

當年我在報社操練的時候，老師是把這本書當作做標題的教科書的。為什麼？語詞漂亮獨到，詞彙量大。

10.《晚明二十家小品》施蟄存編　上海書店

晚明小品精華，幾被是書悉數打盡。讀之可清心，可明目，可順氣，可療饑，益處多多。

11.《梅花草堂筆談》【明】張大復　上海古籍出版社

我上面說「幾被悉數打盡」，就是因為它漏了這一本。張大復小品，堪稱晚明一流，我展讀一遍，幾可成誦。

12.《陶庵夢憶・西湖夢尋》【明】張岱　上海古籍出版社

這是本明人筆記名著，施蟄存先生讀了、編了一輩子小品，晚年能過他老法眼的，惟有此書。

13.《瓶史》【明】袁中郎　上海古籍出版社

賞玩花藝的經典之作，林語堂先生極推崇。不長，在《袁宏道集箋校》中。

14.《板橋雜記》【清】余懷　江蘇古籍出版社

記述秦淮名妓行狀，帶點男人的好色和迷戀。

15.《閒情偶寄》【清】李漁　上海古籍出版社

堪稱高雅休閒、性情生活的百科全書。

16.《隨園食單》【清】袁枚　江蘇古籍出版社

亦為奇書，經過文人眼光和嘴巴過濾的食譜，飲饌文化的巔峰之作。

17.《人間詞話》王國維　北京大學出版社

既是針針見血的評點之作，本身又是絕妙好辭。

二、國外文學

18.《羅丹論》【奧】里爾克著／梁宗岱譯　四川人民出版社

當年我讀到它的第一句「羅丹在其聲名未顯赫之前是孤零的；光榮來了，也許他更孤零。因為光榮不過是一個新名字四周發生的誤會的總和而已」時，簡直有挨了當頭一棒的感覺，從此深深的迷戀上了里爾克，迷戀上了羅丹，迷戀上了梁宗岱的譯文。其文風冷峻、犀利，穿透力強。

19.《六人》巴金譯　三聯書店

奇書。寫了六個文學人物，結構奇特，聯想奇詭。

20.《蜉蝣——美國名家散文》夏濟安譯　上海社科學院出版社

夏濟安乃名批評家夏志清之兄，譯筆極為了得。經董橋文字紹介，得以結緣，驚為天物。如《西敏大寺》中的「森森然似有古意，不可方物」云云，現代人用中文也未必有幾個人能寫得出來，遑論翻譯乎？

21.《瓦爾登湖》【美】梭羅　徐遲譯　上海譯文出版社

這本書近幾年有些熱，很容易找得到。它是人與自然關係的生動寫照。

22.《伊利亞隨筆選》【英】蘭姆著／劉炳善譯　三聯書店

英式絮叨體散文的翹楚。我喜歡的散文隨筆，是那種「言之無物，讀之有味」之作。你別小看這個「言之無物，讀之有味」，要做到真是不容易，何哉？因為那時要用大量知識「餵」出來的。

23.《陰翳禮贊》【日】谷崎潤一郎　三聯書店

薄薄一本，揭示東瀛文化精髓，有點日本《伊利亞隨筆》的味道。

24.《金玫瑰》【蘇】巴烏斯托夫斯基著／戴驄譯　灕江出版社

美，但並非言之無物。它實際上是關於作家寫作的札記，灕江的新譯本更是增加了作者晚年很多「讓人心碎的文字」，可放在枕邊的。

25.《巴烏斯托夫斯基選集》人民文學出版社

同一作者的小說集。巴烏斯托夫斯基與其說是小說家，不如說是抒情詩人。

26.《如果在冬夜，一個旅人》【意】卡爾維諾　譯林出版社

這是一本可以隨意從任何一頁閱讀的書，你甚至可以隨意拼貼，結構奇詭。

27.《山頭火俳句集》【日】山頭火　安徽文藝出版社

一位日本托缽僧邊流浪邊寫下的俳句，短小出塵，可敗火。

28.《徒然草》【日】吉田兼好　人民文學出版社

日本古代隨筆名作，一些慵懶，一些無聊

29.《芥川龍之介小說選》人民文學出版社

芥川的小說，也妙在一個「奇」字上。

30.《小銀和我》【西班牙】希梅內斯　外國文學出版社

這是一本沒大引起注意的書，寫一頭驢子的故事。這兩年《夏洛的網》（寫一頭豬）經嚴鋒等人的強力推薦，已是盡人皆知，但這本《小銀和我》絕對比它好看。

31.《蒲寧中短篇小說選》上海譯文出版社

詩人小說，是我年輕時經常讀出聲音的那種。

32.《詩歌總集》【智利】聶魯達著　上海文藝出版社

這是我推薦的最厚的一本書，六百頁左右。聶魯達是我最喜歡的詩人，他那瑰麗的想像、繁複的意象、汪洋恣肆的長句、一瀉千里的情感，都令年輕時的我深深陶醉。我甚至把那時自己寫的詩訂成一冊，命名為《智利遺書》。

33.《藍色戀情》【法】聖瓊・佩斯　灕江出版社

聖瓊・佩斯的散文詩一度讓我極為迷戀，認為其作無人可與比肩。唉，幾年沒讀詩了，人都俗了啊！

34.《亨利・米修詩選》灕江出版社

他以一個小侏儒的形象入詩，甚至寫到了中國宮廷，也當得起一個「奇」字。

35.《磨坊書簡》【法】都德　三聯書店

都德筆下的鄉間故事，有木笛、鳥鳴和驢叫。

36.《四季隨筆》【英】吉辛著／李霽野譯　陝西人民出版社

吉辛放在四季之下的隨筆，既有迷人的景色描摹，又有對人生的深深思索。

37.《先知・沙與沫》【黎巴嫩】紀伯倫　湖南人民出版社

前面的先知，是一位老人對人生、社會的全方位感知，有點接近《論語》和《聖經》的佈道；後面的沙與沫，則是各種語絲體的感悟。

38.《愛默生文集》張愛玲譯　三聯書店

愛默生的演講也都是先知性的，其睿智、從容都接近神。

39.《牛虻》【義】伏尼契　中國青年出版社

我自認平生一憾，就是沒進過監獄。「進去前是亞瑟，出來後是牛虻」。人生經此一煉，才堪稱理想主義、英雄主義的樣本。在缺少英雄的年代，讓我們去看看《牛虻》吧。

三、中國現代

40.《生活的藝術》林語堂　華藝出版社

最懂中國人生活的，最能概括出其中妙處的，非林語堂莫屬。此書可帶在身邊，反覆摩娑，讀之夏可消暑，冬可暖心。

41.《流言》張愛玲　上海書店

薦書，張愛玲是繞不過去的。《傳奇》大家看得多了，讀讀這本散文吧。

42.《人獸鬼・寫在人生邊上》錢鍾書　海峽文藝出版社

與上同理，推薦本薄書。錢鍾書的短篇中更見其才智、機鋒。

43.《石語》錢鍾書　中國社會科學出版社

錢鍾書先生記錄石遺老人的咳珠吐玉，臧否人物，見解偏激又精闢。錢先生年輕時的書法頗有個性，不像年老時那麼圓融。

44.《往事與隨想》吳亮　上海文藝出版社

吳亮是個文體家，他的文字冷峻而有個性，總是別出機杼，什麼樣的題目在他筆下都能翻出新意。

45.《世紀風鈴》吳方　人民文學出版社

最好的文化批評之作，文思綿密。惜吳方先生中年患多種癌症而自盡，悲夫！

46.《我們這一代的怕和愛》劉小楓　三聯書店

47.《沉重的肉身》劉小楓　上海人民出版社

48.《拯救與逍遙》劉小楓　上海人民出版社

以上三本，是我同一人薦書最多的。劉小楓，中國當代青年學者中知識最廣博、最有深度、文字也最有靈性的一位。這三者集於一身，是我們這代讀書人的福分，我承認，我迷戀他。

49.《風燭灰》金克木著　三聯書店

奇書。金克木先生打通文史哲科，打通古今中外，奇思妙想不斷，如走山陰道上，讓人目不暇接。

50.《說園》陳從周著　書目文獻出版社

五篇《說園》，談園林之道，實為中國文化之道。

51.《龍坡雜文》臺靜農著　三聯書店

臺靜農文字的澹定、高古，為近人罕見。讀他的文章，方可知文章之道，在乎簡約。

52.《從前》董橋　牛津大學出版社

53.《橄欖香》董橋　牛津大學出版社

54.《清白家風》董橋　牛津大學出版社

也是三本。寫文章能寫到董橋的水準，平生無憾了。有人覺得董橋文章甜膩，我反倒覺得是我們自己的文字經過文革劫難後太粗糙了。從《從前》起，董橋的文章帶點回憶性質，似散文，也似小說，憶起在南洋、臺灣、倫敦的舊人舊事，筆墨既濃又淡，極美。

55.《燕京鄉土記》鄧雲鄉　中華書局

鄧雲鄉乃民俗學家，但他的文章水準高於很多作家。近代的很多學者學識駁雜，文章也就有了厚度。我喜歡這種駁雜。

56.《護生畫集》豐子愷畫／弘一法師等文　中華書局

讀之，可蕩滌心中的濁氣。

57.《兒童雜事詩圖箋》周作人著／鍾叔河箋注　文化藝術出版社

平和、沖淡。中國人的天真圖景。

58.《閑花房》　冷冰川畫　三聯書店

版畫集，黑白兩色。充滿靜謐和情色，一種不動聲色的冒險。

第三分　春臆

女人與煙和酒

女人與煙

自從哥倫布發現新大陸，印第安人點燃煙草使勁兒嘬的歷史便在人類社會中綿延至今。那吞雲吐霧的形象伴隨著人類幾個世紀，似乎於今尤烈。煙民人數居高不下，煙廠往往是繳稅大戶，捲煙也成為假冒和走私的重要目標。

更要命的是，女人在抽煙這件事上也不甘示弱，殺氣騰騰、煙霧騰騰地抽將過來了。

在抽煙這個問題上，我並非是個男權主義者，主張男人抽而反對女人抽；也並非堅定的「林則徐」，視一切抽煙者為十惡不赦；我只是一溫和派，主張男人多抽不宜，女人更是少抽為佳。我自己也偶爾抽那麼兩根，無癮，只是作為一種體驗或遊戲而已。

朱自清先生說過，當你打開煙盒，抽出煙來，在桌子上頓幾下，銜上，擦火，點上，其間的每個動作都帶著股勁兒。而沒煙的時候，必然閒得無聊，甚至聯手都沒處放。看來這是老煙民的自得之言，真實，傳神。我只是不明白，吸煙怎麼會上癮呢？果真是某種毒素在迷幻人的神經麼？仔細追究起來，人們對煙草的依賴，其實更多是對這種短暫的、合法的迷幻的依賴。而一旦形成習慣，想戒掉確實不易。

而女人的抽煙更多地帶上了表演的成分。你看，高翹蘭花指，將煙舉至頷前，紅唇中吐出縷縷青霧，透著幾分神秘、幾分頹廢。《圍城》中有個鮑小姐，與方鴻漸對火時，竟將銜著嘴上的煙湊過去，來了個「變相接吻」，又帶著幾分挑逗、幾分調情。

抽煙的女人多半有幾分姿色、幾分惆悵、幾分心緒的。安於平淡的女人不抽煙，身懷絕技的女人往往抽煙；自顧不暇的女人不會抽煙，叱吒風雲的女人又往往沒時間抽煙。女人抽煙不輕易讓人，男人向女人讓煙又常帶有調侃的意味。很少看見男女共抽的場面，如果有，那也真算是「煙投霧合」啦。

勸人戒煙者往往太理智，而抽煙的人又太情緒化了，所以雙方往往談不攏。特別是對於女人，勸的理由似乎更充分，而效果卻可能更不佳。不任其自然又能怎樣呢？故此，我索性用一種欣賞的眼光去看待女人抽煙：欣賞她們的動作，欣賞她們的表情，欣賞她們手中的煙，欣賞她們自己。

女人和酒

說過「女人與煙」，順理成章談談「女人和酒」。

先自我表白一下，我是不善飲的，再加上不怎麼抽煙，用余光中先生的話說，整個兒一「不雲不雨」。因此，也就很少有與女人共飲的機會，更少有共飲而酩酊大醉的經歷。我想那滋味是別具一格的，對此我只能表示遺憾或者留諸他日來實現了。

但在印象中，女人是要麼不飲，要麼善飲的。在李白先生筆下，公孫大娘便是酒至半酣而把劍舞成一朵護身蓮花的。歷代的女中豪傑無不是海量，舉杯誓師時，秋瑾女士就曾連碰幾大碗。連文靜纖細、弱不禁風的林黛玉小姐也能淺酌慢飲、猜拳行令呢！怪不得近幾年酒風大盛、各地紛設女陪酒員，男官員們覲地瞭陣，女陪酒員們赤膊上陣，「酒杯一端，政策放寬」，終而至於使某女陪酒員當場「壯烈」了。這是男人的悲劇，更是女人的悲劇。哀哉！

男人飲酒多有點「酒逢知己千杯少」、「借他人之酒杯澆自己之塊壘」的意味；而女人真正的飲酒，「『飲』不過是一個藉口，實質上是借杯中之物作一種別致的裝飾」（女作家蘇蘋語）。女人言女人，當為知言。所以，女人多喜歡葡萄酒之美，悄語慢酌，彷彿十八世紀的法國沙龍。女人們玩的，不就是這個「情調」麼！

與女人對飲，是奇妙而危險的。從《金瓶梅》到《三言二拍》，都把「酒色財氣」聯繫在一起，既有酒又有色，男人怕是抵擋不了的。

女人善於製造「飲」的氛圍。點幾支蠟燭，放一曲憂鬱的薩克斯曲，朦朧中置幾杯溫香的液體，便是不飲，人也醉了。

女人的醉態是嬌憨可掬的，不像男人要經過「豪言壯語」、「胡言亂語」、「不言不語」三個階段。女人的醉態是能控制的，「嬌憨」是她做出來給你看的。

傷心的女人與酒最有緣分。每一個嗜酒的女人，背影裡都有一段傷心的故事；除非你化作一杯酒，否則你很難知曉這段故事的。

許久沒有與女人共飲了。下一個與我共飲的女人將會是誰呢？我只知道，我喜歡邵燕祥的這樣一個詩句：

寂寞的，又不寂寞的來客，

只在我沉醉與清醒之間叩門。

美貌經濟學

意象派詩歌代表人物、美國詩人埃茲拉・龐德有一首詩叫《在地鐵站》：

「黑暗的人群中幽幽閃現的面孔：

潮濕、黝黑的枝幹上的花瓣。」

這是他描寫自己在地鐵站見到幾張美麗面孔後，瞬時的感受在腦海裡化為短短的兩句意象，已成為現代詩的經典。

龐德回憶寫這首詩的過程是：「三年前在巴黎，我從拉孔柯德走出地鐵站，突然間看到了一張非常美麗的面孔，然後又是一張，又是一張，再後是一張孩子的漂亮的臉，然後又是一張女性的美麗的臉。我想了一整天，想找到一個合適的句子來表達我所有的感受。可是我沒有找到，任何可以用來表達我的這種突如其來的優美感受的詞句都逃匿了我……像前面這首短詩就是試圖表現那一瞬間情緒的語句，在那一刻裡，一樣外在的、客觀的事物突然轉化成了內在的、主觀的東西。」

可見，美能俘獲人的心靈、魅惑人的思想。連龐德這樣的詩人都概莫能外，普通人更是難逃其匹了。

而容貌平平者在為人處世中難免有一些自卑，連列夫·托爾斯泰這樣的大文豪在《童年·少年·青年》三部曲中都寫道：「我常常不知不覺地陷入絕望，感到這個世界是不會給這樣一個醜陋的人以幸福的：鼻子這麼寬，嘴唇這麼厚，眼睛小小的，還是灰顏色。還有什麼比一個人的容貌更能這麼影響他的前程的？沒有什麼比一個人的外表更能決定一個人是可愛還是可厭的了。」

無怪乎現在鋪天蓋地都是美容、整形的廣告，「韓式整形」已成為一些醫院的誘人招牌，為美麗一擲千金者大有人在。據稱二〇一〇年全國美容服務性總收入就將突破三千億元，為GDP貢獻了多少可貴的產值啊。

那麼，投入之後能有合理的產出麼？據英國倫敦吉爾德霍爾大學研究人員的研究結論：漂亮的秘書比長相一般的秘書收入起碼會高百分之十五，缺乏吸引力的男子較英俊的同事少賺百分之十五；姿色較差的女子亦較美麗的同事亦少賺百分之十一。

所以，美國人南茜·埃特考夫寫了一部《漂亮者生存》的著作，論述美的「價值」，認為長得美並因此獲得社會酬勞並不是社會罪惡。而「對美做出的反應是大腦的一個花招，並不是深刻的自我映照」。姿色可以換來金錢，但能力超強的女性會讓人誤以為她們的成功靠的是姿色，這也是不公平的。

我們聽說過很多在深閨人未識的「灰姑娘」一經白馬王子發掘而身價百倍的童話，最近嫁給英國威廉王子的平民姑娘凱特・米德爾頓更激發了眾多未婚美女的慾望。

「嫁個富豪，少奮鬥十年」成了很多自認為有些姿色的女性的嚮往。前不久，一位年輕漂亮的美國女孩在一家論壇的金融版上發了這樣一個帖子：「我怎樣才能嫁給有錢人？」她自稱有一種「讓人驚豔的漂亮，談吐文雅，有品位，想嫁給年薪五十萬美元的人」。在紐約年薪一百萬才算中產，說起來她的要求並不算高。

有戲劇性的是，她的帖子很快引來了一位自稱是華爾街多種產業投資顧問的回帖。回帖給了這個姑娘算了筆賬：

「從生意人的角度來看，跟你結婚是個糟糕的經營決策，道理再明白不過。你所說的其實是一筆簡單的『財』『貌』交易：甲方提供迷人的外表，乙方出錢，公平交易，童叟無欺。但是，這裡有個致命的問題，你的美貌會消逝，但我的財產不會無緣無故消失，我的收入甚至會逐年遞增。

「因此，從經濟學的角度講，我是增值資產，你是貶值資產，不但貶值，而且是加速貶值！用華爾街術語說，每筆交易都有一個倉位，跟你交往屬於『交易倉位』，一旦價值下跌就要立即拋售，而不宜長期持有——也就是你想要的婚姻。聽起來很殘忍，但對一件會加速貶值的物資，明智的選擇是租賃，而不是購入。年薪能超過五十萬的人，當然都不是傻瓜，因此我們只會跟你交往，但不會跟你結婚。」

聽起來很經濟學、也很殘忍，對吧？漂亮的容貌在投資中也是有風險的。如果雙方都想從婚姻中獲取感情之外的東西，這樣算起經濟賬來，美貌就占下風了。這就是我們看到的眾多豪門婚變的結局。當然，婚變的補償也是相當誘人的，所以就有美女專門靠與大款結婚然後離婚分得財產來過上「有尊嚴的生活」。

據報導，美國的摩根大通二〇一一年夏天會迎來一位實習生——名模森雅・特霍米契娃。這位即將大學畢業並獲經濟學學位，能說五種語言（義大利語、俄語、英語、法語、德語），二〇〇六年獲瑞士小姐亞軍的姑娘，此前在美林證券和英國對沖基金Duet Group實習過，有著金融操作經驗。我們感興趣的是，她來到大摩後的命運，跟上面提問那位姑娘一樣，是來釣金龜婿，還是會被「租賃」？

亂下賭注

胡文輝的《現代學林點將錄》是一部異書，書中列入的唯一經濟學家是張五常先生，名列「地狂星獨火星」，這出乎我的意料。因為此書中的一百零九個人物多為文史界名宿，而經濟學為西洋學術帝國的產物，與傳統中國學術是不搭界的。由此可見胡文輝眼光的獨特，也可見張五常的不可忽略。

張五常自視頗高，語多狂傲，挾出身芝加哥大學經濟系之勢，言必稱科斯，例必舉諾斯，創合約理論，且以新制度經濟學奠基人自許，人問他何不多以英文寫作，以博取諾貝爾經濟學獎？五常先生答曰：「我開始老了，科學上的創新我應該無能為力了……」

遙想二十年前，「走向未來叢書」中的張五常《賣桔者言》一紙風行，如此深入淺出地用經濟學理論解釋日常的現實問題，確實讓人耳目一新甚至一震。猶記得，張五常從研究發明專利權中索搜集的資料中發現，發明家愛迪生是個極其自私的人，他從不捐錢，對工人苛刻至極，對他認為無利可圖的發明一概不理，每覺有人偷用了他的發明，就訴之於法。所以愛迪生死時並不富有，主要原因就是他打官司太多。但張五常引用亞當斯密《原富》中的論點：「人以自私為出發點所能對社會的貢獻，要比意圖要改善社會的人的貢獻大。」認為自私有害亦有利。因為自私使得社會交易成本大大下降，而社會的發展就是要將自私所能帶來的利益「極大化」，同時又能將自私所能帶來的損害「極小化」。此論一出，頓覺耳清目明矣！

張五常在一九八一年曾研究中國的經濟走向，寫成《中國會走向「資本主義」道路嗎？》；二〇〇八年，有感於大陸的經濟改革和經濟制度的奇特效果，又寫下《中國的經濟制度》，盛讚國內的改革開放和經濟改革是「人類歷史上對經濟增長最有效的制度」。因為他觀察到，中國的縣級政府權力很大，跟企業一樣，或為公司的戲仿。各級政府都是公司，它們相互競爭著，提供優質的產品和服務，不斷創造財富，這是中國經濟持續增長的動力。此論一出，網上爭議不斷、罵語無數，有人說張五常是饞臣，只會揀好聽的說；客氣點的，比如胡文輝的《現代學林點將錄》中，說張是「身在此山，而只見此山矣」。

張五常回應那些評價他轉向的說法：「那些認為我轉向研究中國是浪費了天賦的眾君子，屬坐井觀天，既不知天高，也不知地厚。是的，我這一輩在西方拜師學藝的人知道，在國際學術上中國毫不重要，沒有半席之位可言。也怪不得，在學問上炎黃子孫沒有一家之言，恐怕不止二百年了。今天老人家西望，竟然發覺那裡的經濟大師不怎麼樣。不懂中國，對經濟的認識出現了一個大缺環，算不上真的懂經濟。」而他認為自己的博士論文《佃農理論》和這本《中國的經濟制度》，「相距四十一年，二者皆可傳世，思想史上沒有誰的智力可以在自己的頂峰維持那麼久。上蒼對我格外仁慈，給我有得天獨厚之感」。種種論點，可見他對自己的厚愛。

張五常愛打賭，在張的文章裡，從《壹週刊》能否上市、到《壹週刊》的發行量，動輒一打紅酒，大到一百萬港幣，都猛打其賭；所以，我們不妨把他關於中國經濟的論述和對自己「傳世之作」的論點都當成打賭的依據，過二十年再來檢驗其對錯。

其實經濟分析本身就是打賭，張五常的老師艾智仁就說：我們每個人從早到晚都在下賭注，我們決定下一步做什麼本身就是一個賭注。到市場付錢買雞蛋，我們不能肯定雞蛋不是壞的，所以買雞蛋也是下賭注。這就是投資與風險的問題。

不過歷來經濟學家雖然在專業上是本行，但跨出界外打賭未必在行。美國經濟學家羅伯特・盧卡斯專門研究經濟理論中的理性預期，但對跟老婆離婚一事上的預期卻不夠「理性」：老婆說離婚可以，你要是在一九九五年十月三十一日前獲諾貝爾經濟學獎，獎金可得分老娘一半，否則絕不簽字。盧卡斯不是對自己的實力不瞭解，但獲諾獎這事不是他自己能決定的，而且與自己分量相當的人一抓一把，哪裡輪得上自己呢？況且現在才一九八九年，六年後的事誰知道呢？簽！誰知五年過後，一九九五年十月二十一日，與跟前妻的承諾僅僅只差十天，他竟然真的獲得了諾貝爾經濟學獎！無奈何，他只有乖乖地把一百萬美元獎金分給前妻一半，這才息事寧人。

在這點上，盧卡斯的前妻的預測比他準確。但願張五常不是第二個盧卡斯。

CPI與喝花酒

二〇一〇年，我們都過得很不爽。老百姓算帳，都是從切身的吃穿住行消費來感受的。二〇一〇年由「蒜你狠」、「豆你玩」、「糖高宗」而起的農副產品漲價風潮，帶動了食品及其他產品價格的輪番上漲。九至十二月，中國的CPI指標都在三・九％至五％之間，遠遠超出了國際上通行的認為三％達到通貨膨脹的指標，而接近嚴重通貨膨脹的水準。

對此，我沒想到，經濟學家郎咸平提出的對策是：國家現在加大農副產品收儲規模的做法是錯誤的，正確的做法應該是加大反壟斷法的執行力度，並呼籲政府現在就去抓人，逮捕炒家！誰大規模租用冷庫囤積農副產品的，誰就是炒家，抓起來再用反壟斷法去起訴他們！

亂世用重典，盛世也可一用。這一招雖然能顯示政府的強勢，但也可能會抓錯人。市場經濟，資源向善於經營者聚攏，你怎麼知道大戶一定就是違法亂紀者呢？

此招使我想起了明代時政府對此的作為。

明代的中後期是商品經濟較為發達、人民生活較為富庶的時期，「燕、趙、秦、晉、齊、梁、江淮之貨，日夜商販而南；蠻海、閩廣、豫章、楚、甌越、新安之貨，日夜商販而北」（李鼎《李長卿集》卷十九），那真是一幅車輪滾滾、川流不息的場景。但當時的物價也是一路高攀，鄧之誠先生在《骨董瑣記》卷一的《銀價米價》條中載：「明時京師錢價，紋銀一兩率易黃錢六百，崇禎末，貴至二千四百。順治新錢初行時，以七文作一分，一千文作紋銀一兩四錢，後不能行，改為一厘，漸減至每百五分。當時蘇州錢價，一千文可直銀二錢，或一錢六七分，銀成色低，只直五成耳。米每石千三四百文，麥七八十文，豆百文，成為其昂。天啟四年，因催糧，米價始騰至每石一兩二錢。萬曆乙丑，吳中大饑，斗米一錢六分，當時傳為異事。」

說白了，就是指與白銀相比，製錢大幅度貶值，而糧價一個勁兒猛漲，以至於催生了許多社會問題，比如李自成一拉竿子，就有一堆屁民跟著起來造反了。這種消費物價指數的上漲，就是現在的CPI上升。我們雖然無法確切算出明代的CPI指數，但從米價的漲勢來看，肯定早已超過通貨膨脹的標準了。

明代的世情小說中有很多關於物價的記載，比如《醒世姻緣傳》裡，就用白銀記錄了當時的物價：

棉花每斤一錢六分　青布夾襖每件四錢五分

兒童學費（中等）每月五分　小米每擔五六錢

肉每斤一錢五分　好馬每匹八十三兩三三錢

一家三口生活每月一兩　私塾先生（幾個學生）每月一兩

單單看這些記載，還不足以比較其與現在物價的差距。我們來把當時的白銀購買力與米價換算一下，能夠知道明朝隆慶、萬曆年間，一兩銀子的購買力相當於現在的五百元左右。那麼，一錢銀子就相當五十元人民幣。

按當時流行的小說《金瓶梅》記載，西門慶的生藥鋪聘請的夥計每月才二兩銀子，相當於一千塊錢，算是溫飽水準吧；而聘請一位秀才當秘書，算是知識分子了，每月工資是三兩銀子，才值一千五百塊錢。而熱結十兄弟時，西門慶稱出四兩銀子，「買了一口豬、一口羊、五六罈金華酒和香燭紙紮、雞鴨案酒之物」，擺下兩大桌宴席，花掉二千元錢。放到現在，這兩桌酒席也價格不菲。

而當時的朝廷，對抬高物價者也有法對付：「常法之外，又巧立名色，肆意誅求船隻，往返過期者，指為罪狀，輒加科罰。商客資本稍多者稱為殷富，又行勸借，有本課該銀十兩，課罰勸借至二十兩，少有不從，輕則痛行笞責，重則坐以他事，連船折毀，客商船隻號哭水次，見者興憐。」（《皇明經世文編》卷七八）那時的做法，跟郎先生貢獻的招數相仿，那就是：重罰！

其實對豪門望族來說，物價對他們而言是沒有感覺的。比如西門慶一次在某妓家喝了場花酒，臨走時就拿出十一包賞賜（小費）來，可知當時的行情：四個唱曲的妓女每人三錢（一百五十元），廚役賞了五錢（二百五十元），彈曲的每人三錢（一百五十元），攛掇打茶的每人二錢（一百元），這些人比知識分子掙錢多、掙得快；而加上擺這桌酒席，共花了十兩銀子（五千塊錢）。對升斗小民來說，這些錢都快夠一家三口生活一年了。放到現在，這一頓也吃掉了工薪階層一個月的收入。

而我們不是西門慶，我們生活在每日的柴米油鹽當中；我們也喝不起花酒，甚至喝不起茅臺（漲價太快），因為我爸不是李剛，沒有雄厚的財力支持。我們只盼著政府那只「有形的手」，能夠把ＣＰＩ調控下去，能喝點普通白酒就行。

重商乎？抑商乎？

在中外文學史上，商人都曾經沒有好名聲。從莎士比亞筆下《威尼斯商人》中的惟利是圖者夏洛克，到巴爾扎克《歐也妮・葛朗臺》書中的慳吝鬼葛朗臺，再到白居易《琵琶行》中的「商人重利輕別離」、元稹筆下《估客樂》中的「估客無住者，有利身即行」，商人無一不是重利輕義、不擇手段、見錢眼開、摳門吝嗇的形象。

應該承認，這確實是一部分商人的造型，但絕非全體商人的德行。就中國來說，這一形象與自古以來傳統觀念的「士農工商」中「商」的排序恰相吻合，是貶損的對象。因為當士人、做白領始終是社會的主流訴求，其次就是老婆孩子熱炕頭、在「一畝三分地」上當個小地主自給自足，當商人並不體現社會地位、做人價值，不是理想的職業選擇。但是，深入瞭解我們會知道，這並不意味著當商人不實惠。

近些年，過去一直廣為傳播的中國古代社會是「重農抑商」的觀點受到了質疑。中國一直人口眾多，過去農田產量低，吃飯始終是個大問題，雖然農民更苦，但在名義上還要給他們一個甜棗嚐嚐，美其名曰「重農」。就拿明代來講，按《明史・食貨志》的記載，田賦是「稅十取一」，就是百分之十的稅率；而「凡商稅，三十稅而取一，過者以違命論」，也就是說稅率只有百分之三點三，誰超過了就砍誰腦袋。從稅率上看，這明明是「重商」而不是「重農」。

洪武皇帝對商業採取的是既不限制也不鼓勵的政策，但重開大運河、允許漕運船夫攜物交易、改實物納稅為以銀納稅等措施還是為商業流通創造了條件。東林黨學者耿桔（一六〇一年科進士）估計：工匠賺取的利潤是農民的兩倍，商人是三倍，而鹽商則是五倍。所以，明代中葉以後朝廷對商業的「無為」而治，使得商貿有了喘息的機會。所以，「燕、趙、秦、晉、齊、梁、江淮之貨，日夜商販而南；蠻海、閩廣、豫章、楚、甌越、新安之貨，日夜商販而北」（李鼎《李長卿集》卷十九），商人的辛勤勞作，既豐富了市場，也換來了自己的錦衣玉食。

甚至，在嘉靖七年（西元一五二八年），御史朱實昌奏本提出對江南的蘇州、常州、松江、鎮江、杭州、嘉興、湖州的店鋪和商品都不徵稅，嘉靖皇帝竟然准奏了。這也是晚明蘇杭經濟繁榮的一個重要原因。（見《劍橋中國明代史》下卷，第六四四頁）

這說明，從當時的經濟政策上，我們都不能說它是「抑商」的。所以，明代經濟在中葉後發展動力十足，這從當時瓷器、傢俱、絲綢、印刷的精緻製造工藝和在民間的大量普及使用就可略見端倪。目前流傳下來的瓷器、銅器、木器、漆器多是成化、弘治、正德、嘉靖年後的，成為中華民族物質文化最璀璨的留存。

但是，辛苦掙來的銀子得不到國家法律的有效保護，所以恣意揮霍也成為商人的特徵。加拿大漢學家卜正民分析道：「明代中葉的文化，意識到世代保持商業財富的脆弱性。這個時期，廣東的省志記述，『城中商賈輳集於生息致富，然故家子弟安分者，但坐耗其資不復加。有生活其奢蕩者，則又狹邪酗酒，聚黨呼盧，故少有再承世也者。』」（《縱樂的困惑——明代的商業與文化》第一三九頁）這也是中國自古至今的老傳統了，不過當時無法移民國外因而無人轉移資產罷了。

據《金瓶梅》記載，那時的商人代表人物西門慶的日子過得是極其風光：出則有高頭大馬，吃則為山珍海味，穿戴則裘皮錦緞，隨從則書童秘書，家中有六房妻妾，還經常扒灰嫖妓，認當朝丞相為父，往來皆達官貴人。說白了，整個一紅頂商人、官商一體。這哪裡有「抑商」的影子？

明律規定，商人只能著布衣，農人才可穿綢緞。但是農人哪裡買得起綢緞！而西門慶給妻妾們做衣服，「每人做件妝花通袖袍兒，一套遍地錦衣服，一套妝花衣服。惟月娘是兩套大紅通袖遍地錦袍兒，四套妝花衣服」，又哪一件不是錦緞的！這些規定無非自欺欺人，只落個「抑商」的名聲罷了。

所以，用「重農抑商」對中國古代的經濟政策概而言之，是頗為歧謬的。旅美經濟學家趙岡先生認為，中國明代是十足的市場經濟，而有些人把農業、工業、商業看成是敵對的，是錯誤的觀念，按經濟學上的一般均衡的觀念，各生產部門自然會達到「最適」的人口。所以，中國確有重農的思想，並無抑商的政策。這一點，說明我們不加辯駁地接受傳統思維是沒有道理的。

誰比誰更瘋狂

「自從得了精神病，我的精神就好多了！」這句被李承鵬寫進小說《李可樂抗拆記》的調侃之言，被搬上春晚小品，流傳面更廣了，人人學著這句話都透著精神。

小說實際上是生活的映象。李可樂得知丁香街即將拆遷，就與人湊錢在這裡買了一座待拆遷的油條房，想當一回「釘子戶」來坐收漁利。豈料在這過程中，他親歷了強拆、對抗、斷臂、自焚等一系列衝突，最後被強制送進精神病院。賺錢夢碎後，他在廁所裡打掃衛生時偷聽到院長的電話：越正常的就越精神病，越精神病才越正常。為早日混出精神病院，從此他「深明大義，韜光養晦，日日操練不已，爭取早日成為一個合格的精神病」，於是才有前面的那句話。

強拆乃至上訪被當成精神病抓起來，這已然不是什麼新聞了。我感興趣的是，精神病作為一個符號，在二十一世紀已過了十年之後，怎麼會再度被人滿懷熱情地提起呢？我不知道李承鵬寫作此書時是否受到過上世紀六十年代美國作家肯・凱西《飛越瘋人院》的啟迪，那個著名的反烏托邦寓言，它的卓越之處就是把精神病院當做社會的縮影，其間的人物百態淋漓盡致地揭示了現實的醜惡。

肯・凱西曾作為試驗品參與過美國政府資助的迷幻藥測試，當時正處於冷戰的非常時期，利用技術手段從精神上控制民眾成為政府的一大課題。他發現，尋常用來治療疾病的藥物，現在被設計來讓人上癮，目的是讓人守規矩並消除自由意志。他把自己的經歷和認識寫成了小說，從而誕生了《飛越瘋人院》。

在精神病院裡，護士長拉契特小姐像個清教徒，顯得不可捉摸、不近人情、面目可憎。她以嚴厲的手段、冰冷的器械和冷酷的心腸統治病人們，試圖把他們改造為柔順的、規矩的、毫無個性的機器。在護士長的背後，不是單純的個人，而是整個「聯合機構」。病人們除非循規蹈矩，否則任何反抗都會遭致無情地打擊。一個印第安酋長布羅姆登因為所在的部落被當地政府徵用建設水電大壩，從而失去了歷代賴以生存的捕魚地，自己也被送進了精神病院，靠裝聾作啞來苟且偷生。任何人只要成為「聯合機構」的絆腳石，都會遭到無情地剷除和毫無人性地滅絕。

這種架構，多麼像強拆背後的利益集團！

而主人公麥克墨菲試圖破壞精神病院的規則來解救他們、組織集體逃亡時，卻發現所有精神病人都自願待在精神病院，情願被監禁，自覺地與大護士之間保持者一種安全、依賴的關係。

凱西在《飛越瘋人院》裡提出一個發人深省的問題：在一個被無情又無形的機器所控制的世界裡，自由究竟意味著什麼？

法國思想家米歇爾・福柯一九六一年在《瘋癲與文明》中的《精神病院的誕生》一章裡曾這樣回答這個問題：「在禁閉世界裡，瘋癲的這種演變與基本社會制度的發展令人吃驚地聚會在一起。……一切安排都是為了使病人認識到自己處於一個天網恢恢的審判世界；他必須懂得，自己受到監視、審判和譴責；越軌和懲罰之間的聯繫必須是顯而易見的，罪名必須得到公認。」

瘋人院之所以誕生，就是為了讓待在裡面的人意識到，我天生就該被監視、審判和譴責。就像李可樂那樣，你不老實，把你變成精神病扔到裡面嚐嚐滋味，你就盼著出去，就不再有非分之想了。

其實抗拒強拆甚至為此自焚的人，心中未必惦記著「自由」或「權利」幾個字，他們想的也許就是：這事不能你們自己說了算。事關我家，總得聽聽我的想法吧？但結果往往是，利益集團不會給你這機會，如果都這樣，別人就會競相效尤，他們的利益鏈條就會摧枯拉朽。

然而更多的人，往往會屈從於權力的支配，就像《飛越瘋人院》中與護士長互為依存的病人一樣。這種做法的致命之處就是讓你變得病態，讓你覺得自己天生就該是別人懲罰的對象。這是從社會學意義上剝奪一個人自由的最殘酷的方式。

按照這種邏輯，有人認為一些社會之所以容忍專制傳統的存在，是因為他們已經坐享其成、與之共存了。就像有些歐洲人對十九世紀俄羅斯人的看法一樣：「是奴隸的種，他們只在乎恐懼和野心。」日裔美國學者福山在《歷史的終結及最後之人》中更是論述道：「俄羅斯人習慣於待在精神病院裡，並不是因為有鐵窗和囚牢關住他們，而是因為他們在裡邊有一種安全感、秩序感和權威感，能享受蘇維埃政權賜予的類似沙皇和超級大國式的特權。」

事實證明他錯了。世界上沒有天生就是病人的人，他們是沉默的大多數，他們總是會衝破瘋人院的，就像最後那個酋長做的那樣——打破瘋人院的窗子，越向自由的天空。

貪婪與天譴

「子夜之後，破曉之前，我被最初的那陣晃動驚醒，後來才知道，那是凌晨三點。」土耳其作家奧爾罕・帕慕克在《別樣的色彩》一書中這樣記載了一九九九年八月和十一月發生在伊斯坦布爾和玻魯的兩次地震。「我的床，離書桌有三碼遠，它劇烈地搖晃起來，就像是大海裡暴風雨中的小船。地底下傳來可怕的嘎吱聲，似乎就來自我的床下。甚至整個夜晚彷彿都顫抖起來。……第一次震動持續了四十五秒，奪去了三萬生命。隨後，又有幾次輕微的餘震……」

人在大自然的咆哮面前顯得是那麼的無助。整個地區都陷入到恐懼之中，震後又沒有及時組織救援，土耳其政府一度大面積失去人心。帕慕克看到，有個男子開著滿是灰塵的舊汽車，隔著車窗衝著人群大喊：「我和你們說過多少次了，安拉的憤怒會降臨至你們身上的，你們要棄絕自己的罪惡！」像在我們這裡一樣，震後有各種傳聞，有人說地震是庫爾德分裂主義游擊隊幹的，也有人說是美國人造成的，「不然他們怎麼這麼快就把船開到了這裡？」人們儲存食物、飲料、鐵錘和照明設備，好在還沒有搶鹽……

那還只是一場芮氏五級地震。比起二〇一一年三月十一日日本這次的芮氏九級地震來說，可算是小巫見大巫了。日本人真不愧是一個在地震的搖晃中成長的民族，在這樣一場巨大災難前表現的冷靜和秩序都是全世界罕有的。地震進而引發海嘯，海嘯過處，萬物不存，真應了老子「天下莫柔弱於水，而攻堅強者，莫之能勝，以其無以易之」的說法。海嘯致使福島的核電站發生洩漏，引發巨大的生態危機，日本往大海中排放了上萬噸含有高放射物污染的海水，預計日本海域的污染在幾十年內都無法消除。對此，日本東京都知事石原慎太郎以他一貫的像揭穿皇帝沒穿新衣的小男孩的姿態，發出了振聾發聵的言論：「這是天譴，是大自然對日本人貪婪、自私的懲罰！」這與前面說的帕慕克見到的那個在地震廢墟上說「安拉的憤怒」的人何其相像！

雖然迫於壓力，石原最後做出了道歉，但是我感覺他說出了實話，如果把他說的「日本人」換成「地球人」或者「人類」就更貼切了。

核物質據說是人類二十世紀最偉大的發現，為此愛因斯坦等人的名字深深地鐫刻在了人類驕傲的紀念碑上。但是，當核物質從「潘朵拉的魔盒」放出來的時候，你就搞不清它會給人類帶來福音還是災難了。製造核武器無疑是場災難，那建成核發電廠總該是造福人類了吧？但面對大自然的懲罰，「核」這個怪物跑出來後，人類卻怎麼也無法把它收進

「魔盒」了！這就是人類過於自信、過於把自己當成是這個地球的主宰者造成的結果。想一想，我們在拼命地挖煤炭、抽石油，把所有的季節都變成一個季節、把所有的動物都拿了為「我」享用（想想SARS是怎樣引發的），我們吃著反季節蔬菜、喝著轉基因豆油，往自己臉上注射著肉毒毒素、往豬胃裡灌滿瘦肉精，我們折騰完地球折騰自己，把地球折騰得百病纏身，把自己折騰得體無完膚，這不叫「天譴」叫什麼？不遭到地球的報應還會得到什麼？

莊子在二千多年前就認識到：「知天之所為，知人之所為者，至矣。知天之所為者，天而生也；知人之所為者，以其知之所知以養其知之所不知，終其天年而不中道夭者，是知之盛也。」老子也說：「制人事天莫若嗇。夫唯嗇，是謂早服。早服謂之重積德。重積德則無不克，無不克則莫知其極。」就是說，要知曉大自然的規律，知道人該幹什麼不該幹什麼；人則要收斂自己的慾望、貪念，在萬物面前學會積德、多些敬畏。人不能什麼時候都那麼積極，有時候消極就比積極好。比如汽車，你說跑快點就是積極，但它跑快了就會出車禍，跑得再快就是直接奔向死亡。科技也是把雙刃劍，它一方面造福著人類，一方面又加速著地球的毀滅、人類的毀滅。這些年，我們不是都感覺到身邊人得了越來越多的怪症麼？

所以說這些年國際上流行著到東方來找智慧，我看直接到老子和莊子那裡去尋找答案就對了。因為老子和莊子所說的，無非就是順應自然，與自然和諧相處。

面對地震，中國網民充分發揚阿Q精神，用自嘲編了個段子：「一、初一在家睡，十五在帳篷睡，因為躲得過初一躲不過十五；二、可以出家當和尚，但不能睡在廟裡，因為跑得了和尚跑不了廟；三、買房子要麼選一樓，要麼選頂樓，因為一樓逃得快，頂樓被挖出來快。」我不知道這是不是也受了莊子精神的感染，屬於「順應自然」，但有一點是可以確定的：犧牲點ＧＤＰ，經濟發展少一點運動式的大呼隆，少一點對大自然、對社會的掠奪和折騰，讓我們把生活過得靜謐、安詳一些，總歸是有好處的。

「惡之花」

一九四一年秋天，正是二戰如火如荼的歲月，後來的諾貝爾文學獎獲得者、當時的德國士兵海因里希・伯爾被從法國調往德國的科隆附近，在那裡看守蘇聯戰俘。看著戰俘們繁重的勞役和周邊黯淡的景象，他心緒黯然，「咖啡、雪茄、衣服，所有美好的我想要和必須的東西，要是這一切都能達成就好了！」然而不久，他的新娘就得到了一件「無袖的短絨線衣」。

原來，當時德國的第二號人物戈林早就安排「歐洲佔領區內所有的零售商店和娛樂場所都必須展現出一派和平景象」，士兵在那裡用著荷蘭和比利時人的錢過著窮奢極慾的生活。

過去我一直不明白，作為充滿理性和高度素養的德國人，怎麼會容許希特勒這個戰爭販子兜售他的狂妄讕言而一路綠燈？讀了格茨・阿里的《希特勒的民族帝國》，我才從財政的角度瞭解到德國人因為享受到希特勒從歐洲其他國家掠奪來的財富，持續受惠於良好的社會福利、不間斷的物質供給、一定程度的稅收優惠而保持沉默的情形。換言之，希特勒是在用物質賄賂堵住德國人的嘴，而最終為之買單的則是千百萬歐洲人。

例如，一九四二年下半年，德國最高統帥部宣佈開始「聖誕行動」，要求各被佔領區負責人「最大限度地掠奪，以使德國居民能夠正常生活」。為此，德國「聖誕行動」囤積了一百八十五億法郎的只有在高級商場和倉庫才能買到的貨物。耶誕節前夕，德國糧食署發放了特殊購物券，使得德國居民能買到廉價的紅酒、燒酒、咖啡、黃油、白糖、蠟燭、鞋子等等。市民們被告知，如果拿下史達林格勒，他們的食品配額還會被進一步提高。而在一九四四年德國佔領荷蘭其間，荷蘭共支付了八十三億帝國馬克的占領費，這些，也都用於德國人發財致富了。

保守的計算，當時德國從外國獲得了一千七百億帝國馬克的戰爭收入，而同期國內的稅收收入只有一百二十億帝國馬克。可以說，支撐納粹帝國生存、維持德國市民過著體面日子的，就是靠那些持續的瘋狂戰爭掠奪了。就像那些搞行銷的愛玩「五個鍋蓋八個鍋」一樣，希特勒必須及時拿下一個新的國家，才能用新劫掠的財富填補上一個虧空留下的財政空缺。

希特勒的戰爭計畫在德國國內受到擁護，靠的就是對全體國民進行「賄賂」的財政政策。對國內的善政建立在對他國的惡政之上，開出的結果必然是「惡之花」。

想想今天的美國，實際上也在採取著類似的策略：因為美元是世界儲蓄和貿易結算貨幣，它花美元從全世界（中國就是一個主要國家）採購商品，又忽然加印鈔票使你的美元儲備貶值，而我們為了避免美元在世界上投放過量，還要幫著它儲備、幫著它買單、避免它貶值。而美國人在享用著價廉物美的產品的同時，中國生產者手中的利潤又被迅速稀釋。這也是標準的對內善政、對外惡政。

而我們自己對待自己總該好點了吧？也並非如此。就拿催生房價節節攀升的因素來說，近年來中國政府靠轉讓土地使用權獲得財政收入一直呈持續上升趨勢，很多地方政府的財政收入有百分之五十、有些甚至達到百分之七十至八十都是靠土地財政；而土地又是稀缺資源，價格日高的地價必然拉升房價不斷上漲。政府部門的各種稅費、灰色收入又佔據了一大塊，這房價低得了嗎？

我對地產開發商不灑同情之淚，說「他們血管裡應該留著道德的鮮血」，我很同意。但政府不應該只負責放血，不負責造血。二十年來鮮聞政府用減稅、降低地價的方式來真正促使房價下降的。亞當・斯密提倡「富國裕民」，我們現在算是富國了，但還不算裕民，減稅之舉可以說是藏富於民的實在舉動。我涉獵過亞當・斯密的《國富論》和《道德情操倫》，知道他是「倫理學上的理他主義者，經濟學上的利己主義者」，他認為在「看不見的手」的引導下，對個人利益的追求必將促進社會繁榮；而由於「看不見的手」的存在和發生作用，私利和公益便會達到「自然平衡」。但我現在越來越覺得國家實際上也是一個經營組織，它對自身利益的攫取和壟斷的需求以及對其他經濟體的打壓，已經像脫韁的野馬，有些無法束縛了。降低利潤（降價）是要求企業「血管裡留著道德的鮮血」，但同時，國家是不是也該從自身率先道德起來？

善的枝葉中會結出善的果實，惡的種子則永遠只會開出惡之花來。國家是一個巨大的「利維坦」（一個力大無窮的巨獸），我們每個人只是個渺小的「蟻族」，但「利維坦」的權力是我們出讓的，真不應該讓它成為我們自身的「異化者」。

社會主義新人魯濱遜

劉瑜女士有一篇妙文《資本主義新人魯濱遜》，謂《魯濱遜漂流記》就是一本十七世紀的政治經濟學筆記，笛福筆下的魯濱遜就是韋伯《新教倫理與資本主義精神》的忠實實踐者。

話說那魯濱遜流落荒島二十八年，不畏艱難，一不等二不靠，而是用自己的勤勞雙手蓋了兩座房子、造了兩條船、養了一批山羊、種植了玉米地，擁有了自己的葡萄園，還收養了當地土人禮拜五，把自己的辛勤勞作精神傳承了下去。這不就是吃苦耐勞、銳意進取、勤奮克己的資本主義新人的典範麼？

在資本主義的發端期，馬克思謂之「貪婪、兇殘，每個毛孔中都滴著鮮血」的行為，在韋伯筆下則變成了資本主義清教徒的克以奉公、銳意進取等代表先進文化方向的品質。同一事物從不同人的不同角度分析竟然差異如此巨大，真是「眼睛一眨，母雞變鴨」。

在我看來，余英時先生的《中國近世宗教倫理與商人精神》雖不免有效顰《新教倫理與資本主義精神》之嫌，但畢竟是張揚我華夏本土思想、以期與西方抗衡的扛鼎之作。余老先生拈出道教和儒家所謂「一日不作，一日不食」、「功到成處，便是有德」的思想，論述了中國「天下之士多出於商」、「（士農工商）四民異業而同道」的傳統，繼而發掘出「丈夫苟不能立功於世，抑豈不能樹基業於家哉」的商人精神，說明中國商人早就具有了高度的敬業和自重意識。經老先生一點撥，我們才知道，如今富豪遍地的中國，乃有濃厚的商業、創業基因，發財致富，又豈在西方魯濱遜之下！

魯濱遜代表了早期西方殖民者開疆拓土的形象，背井離鄉，遠赴海外，冒著生存條件低劣、生產手段落後的風險，在蠻荒之地開闢了一塊塊今日的樂土。二十八年後，荒島上的魯濱遜已經樂不思蜀，毫無離島他居之意啦。

反觀中國泱泱華夏，改革開放三十年，先是出國留學，再是舉家移民，走出了多少國產魯濱遜！放眼望去，到處是福建土話、溫州方言，粵語橫行、吳儂款款，埃菲爾鐵塔下、克里姆林宮旁，北美至蒙特利爾，南非至約翰尼斯堡，到處落地生根、兒女成群，都是中國人那攻城掠地的矯健身影。

當然，現在再找魯濱遜那時的無人荒島是沒有可能了，這些無人小島要麼被大款買進成為私人領地，要麼建為美國的海軍基地了。而華人到哪裡，哪裡就會迅速平空生出一座唐人城，華夏飲食飄香異域，中國功夫叫響一方。中國人扶老攜幼、相呼而出，潛移默化地改變著西方文化，弄得老外們也紛紛開始吃粽子、嚼月餅、大喝二鍋頭。

話說我們的老魯同志到了外國，剛開始是沒日沒夜地刷盤子、賣苦力，爾後看到電子產品在國內國外的巨大差價，靈機一動以此創業，立馬幹起淘寶代購，利用差價賺得盆滿缽滿；後其勤奮精神打動一異國女子，娶為老婆，不數年產下中西合璧男仔女仔合計六名。老魯同志迅疾完成原始積累，接著註冊一品牌，號稱百年洋品牌，找國內企業代工，做得風生水起。再後，老魯同志投資國內建廠，瞄準蘋果四代，愛瘋暢銷滅愛瘋，愛派暢銷滅愛派，製造的山寨「愛你瘋」只賣人民幣三百九十九元，山寨「愛你派」只售人民幣九百九十九元，蘋果市場即刻被瓜分一空，老魯同志因此躋身福布斯富豪排行榜第二百五十位。喬布斯因此氣急而亡，享年五十六歲。

魯濱遜的妹妹魯濱娃更是厲害，哥哥把她帶出國後，自己先是憑著姣好姿色嫁了一個當地美髯公務員。這美髯公原來下班只愛做木匠活，不求上進，被魯濱娃多次數落兼以先進模範人物作為樣板之後，知恥而後勇，乃開始加班加點，節假日遊走於上司門前，幫著修葺草坪、修理傢俱。不數年，接連升遷，後競選成為當地議員，又數年榮膺當地行政首長。談及此，美髯公深有感觸：「還是娶個中國媳婦催人上進啊！」

中國的魯濱遜先生、魯濱娃小姐乃成為全球矚目的模範人物，並雙雙登上美國的《時代》週刊。

彼之五石散即我的咖啡

這個冬天註定不會寧靜。不，就像每個冬天都會使曾經繁茂的樹葉離開枝椏一樣，都會有一批老人乘鶴西遊離我們遠去，不管他是飽學巨擘還是寂寂無聞。這就是人生，是我們無法逃避的經歷。

就像古羅馬思想家西塞羅所說的：「越接近死亡，我越覺得，我好像是經歷了一段很長的旅程，最後見到了陸地，我乘坐的船就要在我的故鄉的港口靠岸了。」那只是靈魂找到了自己的棲息地。

這裡面有兩個人距我們地理位置很遙遠，但心靈很接近：

二〇一一年十二月一日，德國著名女作家克里斯塔・沃爾夫在柏林去世。沃爾夫曾是諾貝爾文學獎的強有力競爭者，她在兩德分治時曾創作小說《分裂的天空》，表現了一對戀人被生生拆散的悲劇，並因此名滿天下；其後的作品《卡珊德拉》、《美狄亞・聲音》更是奠定了她在文壇的地位。在前幾年出版的《天使之城，或佛洛德博士的外套》中，她以小說的方式痛苦地承認，自己曾在民主德國時期被動地成為國家安全部門的「非正式線人」，因而帶有深深的懺悔。

十二月十八日，捷克劇作家瓦茨拉夫・哈維爾逝世，享年七十六歲。哈維爾早年投身於民主運動，參與起草七七憲章，並於一九八九年當選捷克斯洛伐克總統，捷克斯洛伐克解體後，他又於一九九三年當選捷克共和國總統，是個典型的作家從政者。

而距我們很近的是這樣一個人，我擁有他的全部中文作品：

十二月二十一日，曾經旅美二十多年的作家、畫家木心先生在其故鄉烏鎮去世，享年八十四歲。木心先生一九二七年生於浙江烏鎮，一九四八年畢業於上海美專。文革中他曾被拘禁，所有手稿盡失，一九八二年他遠赴紐約，重續文學生涯。一九八六年至一九九九年，臺灣陸續出版木心文集十二種，後被引進大陸，以其獨特風格風靡一時，遂掀起木心熱。

說起木心，我首次知道這個大名還是在其作品未引進大陸時。二〇〇二年，來自香港的網友「胯下馬掌中刀」時常來看望深圳書友，捎來木心作品幾本，據說是帶給上海作家陳村的。匆匆翻閱，記住了《會吾中》、《素履之往》幾個書名。後來，有陳村在《文匯報》上的評論，加上陳丹青等人的推崇，廣西師大出版社陸續推出木心作品集八部，於是在木心熱順勢而起。

我翻閱木心作品，感覺他雖經歷過文革，但文字基本未被污染，或經汰濾而自覺消除了污染；古文、詩詞功底好，言簡而意深。比如他的文章篇名：「庖魚及賓／白馬翰如／亨於西山／翩翩不富／賁於丘園／一飲一啄／捨車而徒／向晦宴息」，宛如從詩經中款款走來；再如：「如意／劍柄／將醒／除此／爛去／出魔／綴之／智蛙／瘋樹」，又如禪語中的偈子般寓意無窮。

木心先生的名篇是《上海賦》，長達數萬字，但我喜歡的恰恰是那些短章，就像俳句般精煉。「漢藍天／唐綠地／彼之五石散即我的咖啡」，「久無消息／來了明信片／一個安徒生坐在木椅上」，「送我一盆含羞草／不過她是西班牙舞娘」，「讀英格麗・褒曼傳／想起自己的好多蒼翠往事」，「壁爐前供幾條永遠不燒的松柴的那種古典啊」，「獄中的鼠／引得囚徒們羨慕不止」，「我與世界的勃谿／不再是情人間的爭吵」，「藍繡球花之藍／藍得我對它呆吸了半支煙」……那種出塵的意象、意想不到的比喻、妙趣無窮的內涵實在令人遐想。

木心先生也寫詩，而且寫得像詩經：「莫倚偎我／我習於冷／志於成冰／莫倚偎我／別走近我／我正升焰／萬木俱焚／別走近我」，「摩卡／阿拉伯產／王者相／酸，奇濃／／乞力馬札羅／坦尚尼亞來／香而酸／兼摩卡、哥倫比亞之妙／／（余志茶／時就咖啡

／獨鍾清清／散情於鬱鬱）」」；寫起諷刺文時，木心先生用筆也是一語中的、入木三分：「幾許學者、教授，出書時自序道：『拋磚引玉。』於是，一地的磚，玉在哪裡？況且引出來的玉，故不佳，佳的玉是不引自出的。」「談到他的缺點時，他便緊緊摟住那缺點，一臉憨厚的笑——缺點是他的寵物。」多麼形象而又鞭辟入裡！

所以我想到，遠離某種語境，也許正好起到間離效果，反而會產生創造性；而一種語言在另一種語境，相互的交雜，彼此的陌生感正好能激發出很多火花和新鮮的意象。我們都不會忘記賈西亞・馬奎斯《百年孤寂》那著名的開頭是如何被人競相克隆的吧。

木心先生走好，所有的先賢，你們的路不會白走。

生活家李漁

在我賞識的作家裡，李漁算是個全才。他既是個暢銷書作家，又會寫劇本、辦家庭劇團，還開了個叫芥子園的出版社，同時又懂生活、有品位，一部高雅生活指南《閒情偶寄》風靡大江南北。

李漁生活在明清易代之際，想通過考取功名博得個一官半職的夢想破滅了，於是，他想開了、看透了，很世俗地活著。

李漁文章寫得好。放棄了換頂子的想法，李漁的文字靈動透徹，小說《無聲戲》、《連城璧》、《十二樓》本本暢銷，堪比當今之賈平凹、郭敬明，以至於盜版頻仍，需要他從杭州移居到南京，專程打假。後來自己開個出版社，讓女婿當著總經理，自己的書自己專印，這才遏制了盜版勢頭。

李漁的戲曲堪稱一時之絕。《笠翁十種曲》現在仍是研究清代戲劇繞不開的一座高峰，笠翁曲論更是前無古人。過去誰會把戲子幹的活兒當成理論去總結？李漁不一樣，他有家庭戲班，理論統統來源於實踐、選劇、變調、音律、賓白，都是一場戲一場戲積累的經驗，所以才有極強的可操作性。

李漁毫不掩飾他對聲色的喜好。「我有美妻美妾而我好之，是還吾性中所有，聖人復起，亦得我心之同然，非失德也。人處得為之地，不買一二姬妾自娛，是素富貴而行乎貧賤矣。」於是，人到中年，李漁還買了喬、王二姬，既成為他戲班的臺柱子，又成為生活的左右手。奈何天不假年，二姬均於十九歲夭亡，弄得李老先生嚎啕傷痛，作詩悼亡。

李漁還把本性發揮到極致，毫不掩飾，寫了部《肉蒲團》，雖歷代都是禁書，但透徹淋漓、直指人性，引得當代後生小子馮唐都要摹寫一部《不二》對其致意。

李漁充分地享受著生活，他知道人生百年，「有無數憂愁困苦、疾病顛連、名韁利鎖、驚風駭浪，阻人燕遊」，於是，雖貧賤而不忘行樂。他講究生活品位，一部《閒情偶寄》，從居室佈置、到家庭擺設，從飲食口味、到疾病調理，無所不包。放到現在，肯定小白領們人手一本，端的一部小資裝逼指南。

要說品位，李漁那真是專家。比如此時，窗外正呼呼颳著北風，在屋裡涮著羊肉火鍋當是一件美事，而到屋外如廁是一件難事。我們小時候住的都是大雜院，家中沒有衛生間，冬天上個露天廁所，都得下個不小的決心，還屁股蛋子凍得生疼。明清之際，生活配套設施更是不好，要想日子過得滋潤，就得自己搞點發明改善。李漁雖是獨家獨院，但也先進不到把衛生間開在書房裡，因為那味兒他處理不了。但你別急，李漁有的是創意，他在《閒情偶寄》裡記了一招：「當於書室之旁，穴牆為孔，嵌以小竹，使遺（小便）在內而流於外，穢氣罔聞，有若未嘗溺者。無論陰晴寒暑，可以足不出庭。」有味兒都是別人聞了，安心在家當宅男吧！

那時冬天也沒暖氣，屋裡頂多放幾個炭盆，坐在書房還是手腳冰涼，容易滿屋灰塵。李漁還有一招，發明了「暖椅」：「此椅之妙，全在安抽屜於腳柵之下。抽屜以板為之，底嵌薄磚，四圍鑲銅。置炭其中，上以灰覆，則火氣不烈而滿座皆溫，是隆冬時別一世界。況又為費極廉，自朝至暮，止用小炭四塊。」一則小革新，解決了大問題，頓覺人生充滿意義。

譬如養生，李漁講究「善睡為先」。「睡能還精，睡能養氣，睡能健脾養胃，睡能堅骨壯筋」。「手倦拋書午夢長」，手書而眠，意不在睡；「半夜敲門不吃驚」，而在莫歹事。說到疾病，李漁說得透徹：本性酷好之物，可以當藥；其人急需之物，可以當藥；一心鍾愛之人，可以當藥。這是有病先治心，比動輒開大處方、掛吊瓶高明多了。

這就是踏踏實實融入生活的李漁，與其讓生活改變不如改變生活的李漁。

長隨之「橫」

官場是非多，其背後的潛規則，是我輩凡人難以參透的。歷史學者吳思精讀二十四史，才從書頁的背後讀出「潛規則」、「元規則」、「血酬」、「法酬」、「灰牢」、「硬夥企業」、「合法傷害權」等等。前一陣子某西南封疆大吏及其副手演繹的故事就很有些匪夷所思，從而已經並正在牽扯出很多荒唐的人和事。不知用吳思的讀史法，又能從中得出幾多新概念？

作家王蒙先生浸淫官場文壇大半輩子，加之人又超級聰明，悟到很多做官做人之道，他在給老友之子就任副縣長時寫的《誡賢侄》中的說法就頗得我心：「把眼睛盯在工作上業務上，不要盯在別人服不服自己上。一個芝麻官，又年輕，人家沒有必服的義務，不服就不服，不服也得按工作程序運轉。千萬不要弄幾個人去搜集誰誰說了你什麼什麼，尤其不要自己在會上為自己辯白，不要自己出馬批判對你的風言風語。不要動不動罵前任。罵前任你就給自己出了個難題：你必須處處反前任之道而行之，而且要幹得比他好得多。……用工作的成績說話，則興，則立，則吉；用說話來取代工作成績，則敗，則危，則凶。」短短幾句，卻是至理名言，很值得後輩汲取。

當好領導，是一回事；領導管好身邊的人，也是同樣重要的。有很多事，就是領導身邊的人先壞了規矩，進而一步步蠶食，壞了領導名節。這些領導的身邊人很有講究，過去叫幕僚、長隨，現在往往是秘書、辦公廳主任、政策研究室主任之類的角色，甚而至於是副市長之類，為領導辦事並視領導馬首是瞻。

說起這幕僚和長隨，還真不好當，對其素質往往有獨特要求。錢鍾書先生在《小說識小》中，曾引用過清代小說《品花寶鑑》裡對此的描繪，謂：「一團和氣要不變；二等才情要不露；三斤酒量要不醉；四季衣服要不乏；五聲音律要不錯；六品官銜要不做；七言詩句要不慌；八面張羅要不斷；九流通透要不短；十分應酬要不俗。」錢先生繼而引用梁章鉅《歸田瑣記》中所載的「清客十字令」，與此異曲同工：「一筆好字不錯；二等才情不露；三斤酒量不吐；四季衣服不當；五子圍棋不悔；六齣崑曲不推；七字歪詩不遲；八字馬吊不查；九品頭銜不選；十分和氣不俗。」錢鍾書先生評價：「具此本領，亦可以得志於今之世矣。『四季衣服』一事，尤洞達世故。巴雷斯（Maurice Barres）有小說《無根人》（Les deracinés），余震於其名，嘗取讀之，皆空發議論，悶鈍無味，唯有語云：『衣服不整潔而欲求人謀事，猶妓女鶉衣百結而欲人光顧。』即『四季衣服』之意。鮮衣下屬之異於布衣上司，衣冠濟楚小清客之異於不衫不履大名士，未始不系此也。」

當然，「四季衣服」的行頭雖是必要，但更重要的是要行事規範。清末名士況周頤在《餐櫻廡隨筆》中曾寫下對《長隨論》、《佐治藥言》之類書籍的觀感，認為「其篇之語易解，所載之法易明，所述之言，頗有淺俗之句，難登大雅之堂。唯是初入長隨諸君子，不可不加意溫習」，裡面有詳細的文墨要訣、典禮要點、差務要領，條分縷析，理明詞達，欲入此行者還是易於效法的。

長隨中出了不少良吏，如《佐治藥言》的作者汪輝祖就是一個例子。他心中沒有忘了百姓，兼治一地時辦了不少好事，不僅有「堂上一點朱，民間千點血」的慷慨說辭仍在流傳，而且官聲至今猶存。可惜的是長隨們並不都熟讀《佐治藥言》，行為往往出軌、走斜。進而提起「長隨」來，人們大多頗有惡言，清朝的錢泳就是一個。他在《履園叢話》中說：「長隨之多，莫甚於乾嘉兩朝；長隨之橫，亦莫甚於乾嘉兩朝。捐官出仕者，有之；窮奢極欲者，有之；傲慢敗事者，有之；嫖賭殆盡者，有之；一朝落魄至於凍餓以死者，有之；或家破人亡、男盜女娼者，有之。據聞所見，已不一其人，皆由平生所得多不義之財，民脂民膏也。」一個「橫」字，就可以看出有些長隨曾經是多麼狗仗人勢，藉以搜刮民脂民膏的了。

我們現在的官員，不論官職大小，應該都是群眾的公僕，按理不應該存在封建社會人身依附關係的「長隨」性質。但有些人自願充當打手，把自己的命運拴在別人的腰帶之上，不惜辦下不少冤假錯案，這也就難怪他們倒臺之後老百姓額手相慶了。

陳煥章的「帝國民主制」

辜鴻銘先生現在是盡人皆知，報紙上充斥著這個怪老頭的趣聞軼事，一個滿嘴流利英文、法文、德文，但同時又留著焦黃辮子、身著長袍馬褂的形象呼之欲出。而他的清末民初同時代人，學位還比他高一級（辜只有碩士學位）的陳煥章卻名聲不顯，這讓人覺得有些不公。

陳煥章，這個康有為的弟子，在整整一百年前的一九一一年就在美國的哥倫比亞大學獲得了經濟學博士學位。那時的中國人還不知經濟學為何物，陳煥章就用英文寫出了《孔門理財學》，系統總結了以孔子及其學派為主的中國古代經濟思想史。在陳的筆下，由於經濟學是日文引進的名詞，不如國粹的術語「理財學」，而這個說法出自《易經》的繫辭「何以聚人曰財。理財正辭、禁民為非曰義」，他認為經濟一詞當屬於政治學，用「理財學」代替經濟學更恰當、更精確。

與辜鴻銘一樣，陳煥章是中華文化中心地位的堅定維護者，孔教思想的熱烈鼓吹者。清末亂世中，這兩位大爺以自己獨特的著作充當了向歐美宣揚我泱泱中華文化的代言人，可謂是一夫當關、受之無愧。比如陳煥章在《孔門理財學》中認為，西方人很晚才歸結的社會的七項職能——語言、宗教、藝術、科學、法學、國政和經濟，孔子編訂的《尚書・洪範》的「八政」早就解決了：「一曰食，二曰貨，三曰祀，四曰司空，五曰司徒，六曰司寇，七曰賓，八曰師。」「食」是解決人類的饑餓問題，「貨」包括所有其他的商品，「食貨」二字代表了人類全部的理財活動。衣食足了，宗教的「祀」才會興起；然後，掌握居住工程的官員「司空」改善生活環境；再之後是掌管教化的官員「司徒」發展智識和道德力量；接下來是掌管司法刑獄的官員「司寇」執行法律；至此，高雅的社交活動發展起來了，這就被稱為饗賓客；最後，軍隊來維持社會的和平。還有比這更好的社會結構麼？

甚至與美國這樣共和政體的政府相比，陳煥章認為在孔子思想的影響下，中國早已是帝國民主制，不僅比美國先進許多，更是超越了歐洲和日本的貴族政治，是當時「世界上最民主的國家」了。孔子在《堯典》裡把政府劃分為九大部門，第一是水土部，第二是農業部，第三是教育部，第四是司法部，第五是勞動部，第六是自然資源部，第七是宗教部，第八是樂部，第九是資訊部。這九個部門裡，沒有一個機構是針對皇帝個人服務的，顯示出民主的原則；沒有一個機構是為戰爭做準備的，顯示出和平的原則；而這些部門絕大部分是為理財、為民生服務的。孟子在闡述其思想時也明確說到：「民為貴，社稷次之，君為輕」，「得乎丘民而為天子」。這體現了孔子的「主權在民」的思想。孔子時代就從民眾中選拔士人通過教育而成為高級官員，各級學校因而成為真正選舉人民代表的地方。到漢朝實現選舉制，隋朝建立進士科考試，貴族頭銜只是個榮譽稱號，不享有任何政治權利，而士人都有可能通過潛心讀書成為宰相。

原來幾千年來我們都生活在比新聞聯播營造的還要優越、和諧的社會制度中而不自知！這當然帶有「意淫」的成分。如此美妙的「世界上最民主的國家」確實曾寫在紙面上，但從來沒有實現過。不然，也就不用康有為先生撰寫《大同書》了。孔子設計的政體就像柏拉圖設計的理想國一樣，充滿了人類孩提時代的想像力，但那畢竟是「小國寡民」時代。我們可以讚美它的美好，若因此誤認為它真實存在過，那我們就太天真啦。

陳煥章的《孔門理財學》曾得到英國經濟學家凱恩斯的好評，覺得孔子的很多思想可以補西方經濟學之短。但凡事「過猶不及」，陳煥章尊孔尊得過了頭，視孔子學說為孔教，繼而創立孔教會，力推孔教為國教，就遭到了章太炎、魯迅等學者的猛烈抨擊。現在留在歷史上的，就只有他那驚鴻一瞥的《孔門理財學》了。

春宮畫小史

在《金瓶梅》第十三回中，西門慶從李瓶兒家中偷情後扒牆回來，到了潘金蓮房中，從袖中取出「一個物件兒」，對潘金蓮說：「此是她老公公內府畫出來的。俺們兩個點著燈，看著上面行事。」潘金蓮接過觀看，這是一個手卷，書中這樣描繪這個手卷：內府衢花綾裱，牙籤錦帶妝成。大青小綠細描金，鑲嵌斗方乾淨。女賽巫山神女，男如宋玉郎君。雙雙帳內慣交鋒，解名二十四，春意動關情。於是，潘金蓮與西門慶展開手卷，在錦帳之中比照著上面行事。

西門慶和潘金蓮確實是一對「土包子」，都是第一次見到從「內府」出來的春宮畫。可見當時春宮畫比較稀見，尚未普及到民間。李瓶兒之夫花子虛是宮中花太監的侄子，繼承了花太監搜刮來的很多寶物，有金銀元寶、帽頂條環，還有蟒衣玉帶、香蠟水銀，自然還有這外人不常見到的春宮畫。

那麼，這春宮畫起始於何時？金瓶梅時代的春宮畫又是什麼形態呢？

據鄧之誠《古董瑣記》引述前人的記載，中國目前發現最早的春宮畫在漢畫像磚上，《漢書・景十三王傳》中的廣川惠王傳云：「子海陽嗣，十五年，坐畫屋為男女裸交接，置酒請諸父姊妹飲，令仰視畫。」

明代沈德符《敝帚軒剩語》卷中《春畫》篇的說法較為詳細：「春畫之起，當始於漢廣川王，畫男女交接狀於屋，召諸父姐妹飲，令仰視畫；及齊後廢帝，於潘妃諸閣壁，圖男女私褻之狀。至隋煬帝烏銅屏，白晝與宮人戲，影俱入其中。唐高宗鏡殿成，劉仁軌驚下殿，謂一時乃有數天子。至武后時，遂用以宣淫。楊鐵崖詩云：鏡殿青春秘戲多，玉肌相照影相摩。六郎酣戰明空笑，隊隊鴛鴦浴錦波。而秘戲之能盡矣。後之畫者，大抵不出漢廣川齊東昏之模範，惟古墓磚石中，畫此等狀，間有及男色者，差可異

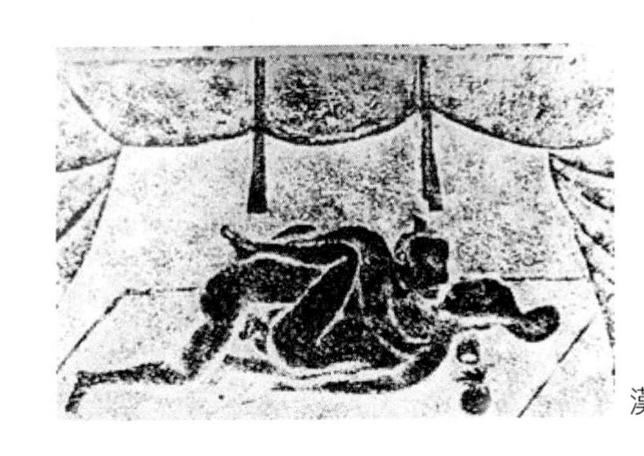

漢畫像磚上的春宮圖

耳。」（《敝帚軒剩語》商務印書館一九六〇年叢書集成本，頁三〇）

關於漢代之說，明代郎瑛的筆記《七修類稿》中的《春畫淫具》載：「漢成帝畫紂踞妲己而坐，為長夜之樂於屏，春畫殆始於此也。後世以紂為春畫，誤矣。胡元娼夫詹俊子為淫亂之物，實淫具也。時稱紂作奇巧以樂婦人，奇巧，玩器也，蓋以紂為不道，以淫惡婦之耳。夫二事非人所為，錄出示人，欲知惡有所歸，否則皆謂紂為之也。此人所以不可為惡也。」（《七修類稿》頁二六八，上海書店版）

當然，中國古代的春宮畫不僅起源於宮廷中的淫樂，也起源於一些性學古籍的插圖。有資料表明，在西元一世紀，《素女經》之類的性學書籍已經是連圖說明的版本了。如《素女經》的「九勢篇」和《洞玄子》的「三十法」，都有可能是配圖的文字說明。

漢代科學家、文學家張衡曾作《同聲歌》，以女性口吻描寫了新婚之夜夫妻倆在春宮圖指導下行事的情景：

邂逅承際會，得充君後房。
情好新交接，恐懍若探湯。
不才勉自竭，賤妾職所當。

綢繆主中饋，奉禮助蒸嘗。
思為苑蒻席，在下蔽匡床。
願為羅衾幬，在上衛風霜。
灑掃清枕席，鞮芬以狄香。
重戶結金扃，高下華燈光。
衣解金粉卸，列圖陳枕張。
素女為我師，儀態盈萬方。
眾夫所希見，天老教軒皇。
樂莫斯夜樂，沒齒焉可忘。

這個「衣解金粉卸，列圖陳枕張。素女為我師，儀態盈萬方」，說明當時他們很可能就是一邊看著插圖本《素女經》、一邊照圖操練，這種春宮圖在漢代已在民間作為新婚必讀之用了。

明代茅玉升《閨情》詩中說：「宛轉花陰解繡襦，柔情一片未能無。小姑漸長應防覺，潛勸郎收素女圖。」看的也是插圖本《素女經》，可惜現在《素女經》只留下了文字，插圖已佚失了。

而唐代畫家周昉的春宮畫已經很有名了，他的名作是《春宵秘戲圖》，晚明畫家張丑還收藏過他的作品。高羅佩先生在《中國古代房內考》中曾引用張丑的這段記載，鄧之誠先生把此內容收在了一九二三年版的《古董瑣記》卷六中。

張丑這樣記述周昉畫作的情形：

絹本《春宵秘戲圖》卷，戊午七夕獲於太原王氏，乃周昉景元所畫，鷗波亭主（指趙孟頫）所藏。或云天后，或云太真妃，疑不能明也。傳聞昉畫畫婦女多為豐肌秀骨，不作纖纖婷婷之形。今圖中所貌目波澄鮮，眉嫵連卷，朱唇皓齒，修耳懸鼻，輔靨頤頷，位置均適；且肌理膩潔，築脂刻玉；陰溝渥丹，火齊欲吐，抑何態穠意遠也。及考裝束服飾，男子則遠遊冠、絲革靴，而具帝王之相；女婦則望仙髻、綾波襪，而備后妃之容；姬侍則翠翹束帶，壓腰方履，而有宮禁氣象。種種點綴，沉著古雅，非唐世莫有異。

……按前世之圖秘戲也，例寫男女二人相依偎作私褻之狀止矣。然有不露陰道者，如景元創立新圖，以一男御一女，兩小鬟扶持之，一侍姬當前，力抵御女之坐具，而又一侍姬尾其後，手推男背以就之，五女一男嬲戲不休。是誠古後來圖畫所未有者耶。（《古董瑣記全編》上冊，頁一九五，中華書局版）

明季顧復《平生壯觀》卷六也曾有相關記載，以書名的「平生壯觀」而言應該是親眼見過。明季謝肇淛的《五雜俎》卷三中記述過周昉的《貴妃出浴圖》，可見周昉畫過很多幅以嬪妃為模特兒的春宮圖。我們現在還能在畫冊裡看到周昉的《內人雙陸圖》，兩個豐腴的美人在專心下棋，兩個小丫鬟從旁伺候。

元朝初年的趙孟頫（字子昂）畫春宮畫也非常有名。傳李漁所作的《肉蒲團》中，未央生因妻子玉香對性生活表現冷淡，就想用春宮畫來刺激她，買的就是趙子昂的春宮畫：

未央生見她沒有一毫生動之趣，甚以為苦，我今只得用些淘養的工夫，變化他出來。明日就書畫鋪子中，買一幅絕巧的春宮冊子，是本朝學士趙子昂的手筆，共有三十六幅，取唐詩上三十六宮都是春的意思，拿回去，典與玉香小姐一同翻閱，可見男女交媾這些套數，不是我創造出來，古之人先有行之者，現有程文墨卷在此，取來證驗。玉香看了春宮畫冊，開始時面紅耳赤，認為它玷污閨閣，要叫丫鬟拿去燒了。

而明代最有名的春宮畫畫家是唐寅（字伯虎，號六如）與仇英（字實甫，號十洲）。以唐寅、仇英、文徵明、沈周為代表的明代吳中畫派，留下了許多傳世之作。明代天啟五年（一六二四年）刊行的秘戲圖冊《鴛鴦秘譜》序文中提到唐寅畫的《六奇》和仇英畫的《十榮》（即十種不同的性交姿勢）。目前見到的最早的春宮畫冊是《勝蓬萊》，它有十五幅畫，是用黑、藍、紅、綠四種顏色印成，印於隆慶年間（一五六七至一五七二年）。而《江南銷夏》的繪畫工藝已極其高超，人物細膩準確，周圍環境、傢俱都畫得十分用心，這部畫冊同時代表了當時精美複雜的套色木刻彩印技術水準。《花營錦陣》和《繁花麗錦》都配有符合圖意的一闋詞，並都有特定的詞牌。這些詞實際上也屬於「看圖說話」，充滿了「春情色意」。如《春睡起》：

雲收巫峽中，
雨過香閨裡。
無限嬌癡若箇知，
渾宜初浴溫泉渚。
漫結繡裙兒，
似嗔人喚起。
輕盈倦體不勝衣，
杏子單衫懶自提。
春山低翠悄窺郎，
朦朧猶自憶佳期。

我們目前見到的春宮畫多為二十四幅、三十六幅的冊頁或手卷，如荷蘭學者高羅佩在日本買到的《花營錦陣》圖版，就是套色彩印二十四幅，每圖配一詞，說明當時的印刷技術已相當高超。

除了春宮畫，還有一種立體製作的歡喜佛，作為宮中皇帝結婚時的啟蒙之物。沈德符在《敝帚軒剩語》卷中裡記載：

> 予見內廷有歡喜佛，云自外國進者，又有云是元所遺者。兩佛各瓔珞嚴妝，互相抱持，兩根湊合，有機可動。帝王大婚時，必先導入此殿。禮拜畢，令撫揣隱處，默會交接之法。今外閑市骨董人，亦間有之，製作精巧，非中土所辦，價亦不貲，但視內廷殊小耳。此外有琢玉者，多舊製，有繡織者，新舊俱有之。閩人以象牙雕成。紅潤如生，幾遍天下，總不如畫之奇淫變幻也。工此技者，前有唐伯虎，後有仇實甫。今偽作紛紛，然雅俗甚易辨。倭畫更精，又與唐仇不同，畫扇尤佳。余曾得一，而上寫兩人野合，有奮白刃馳往，又一挽臂阻之者，情狀如生，旋失去矣。

明代田藝衡的《留青日札》的《佛牙》條中也有同樣的內容。沈德符還記載，隆慶帝朱載垕荒淫好色，宮中所用「酒杯茗碗，俱繪男女私褻之狀。蓋穆宗好內，故以傳奉命造此種。然漢時發塚，則盤瓶畫壁俱有之，且有及男色者，書冊所紀甚具，則杯碗正不足怪也。」

高羅佩先生認為中國古代性觀念相當開放，是因為這些春宮畫中表現的性行為不避人，經常有多人參與。這實際上是侍妾或丫鬟從旁服侍，而且嘗試了各種姿勢。他統計了三百幅套版畫中各種姿勢的比例，認為是健康性習慣的良好記錄，他把這些春宮畫作為研究中國古代性觀念的最後標本。實際上明代後期這些春宮畫的流傳確實不多，從內府中流出的可能性倒是很大，怪不得西門慶和潘金蓮要通過李瓶兒之手才能看到；而到了清朝時的一七〇〇至一八〇〇年，天津的楊柳青套版畫中心已大量仿製春宮畫並使其進入民間，不過製作比較粗劣罷了。

民國第一部研究金瓶梅專著《瓶外卮言》的作者姚靈犀，在為畫家曹涵美於一九四二年上海國民新聞圖書印刷公司出版的《金瓶梅全圖》第三冊寫的序中曾經論述：

先生從界畫入手，周旋皆中規矩。周昉仕女豐頤廣額，具天人姿，雖唐、仇所不敢為。法繪皆碩人其頎、豐肌秀骨，胸中先貯美人倩影，故能抗邁今古。湯樂民，世家公子，所見多閨秀，自較費曉樓、王小某（注：均為晚清畫家）徒見倚門娼者，高出百倍。若吳友如（注：晚清時主筆《點石齋畫報》）輩，筆端側媚，去古遠矣。今人未求深造，浪得虛名，時裝美人雖能多博潤筆金錢，非士人之畫也，未足以語此。

可見，晚清時的畫家還在追隨前輩，在畫一些春宮畫，不過作品已經等而下之了。

高羅佩先生就是因為在一九四九年在日本得到一套中國晚明的春宮畫《花營錦陣》的印版，才對中國的春宮畫以至房中術產生濃厚興趣的。他的《秘戲圖考》一書就對如《勝蓬萊》、《風流絕暢》、《風月機關》、《鴛鴦秘譜》、《繁華麗錦》、《江南銷夏》等春宮畫冊做了詳細的描述和研究，起到了開風氣之先的作用。

在中國民間，春宮圖除了有「嫁妝畫」之用外，還可當「避火圖」，如清末藏書家葉德輝就喜歡在書中夾春宮圖，謂能防火。因為據說火神是女性，見著春宮畫就溜之乎也了。

梅毒在中國傳播小史

在《金瓶梅》中，我們看到這本書無意中保存了最早的梅毒傳入中國的史料。

一般人看《金瓶梅》只知道西門慶最後是連續縱慾、精盡而亡，死時年僅三十三歲。如果僅僅說是死於縱慾，未免失之簡單。那麼，我們從醫生給西門慶診治時看到的癥狀，可以推斷出他最後到底得的是什麼病，以至於他很快暴亡。

西門慶臨終前的最後一個月共與鄭愛月、賁四媳婦、林太太、孫雪娥、如意兒、潘金蓮、來爵媳婦、王六兒同過房，其間感到「腰腿疼，懶待動旦」，最後幾天，已感覺昏昏沉沉，從發病到死亡，總共只有八天時間。

最後的癥狀是：「西門慶只望一兩日好些出來，誰知過了一夜，到次日內邊虛陽腫脹，不便處發出紅瘰來，這腎囊都腫得明滴溜如茄子大。但溺尿，尿管中猶如刀子犁的一般，溺一遭，疼一遭……」紅瘰即紅色腫塊和斑點。

有病亂投醫。接著是請各路醫生來了一輪醫療大戰：

先是任醫官，他對西門慶的診斷是：「老先生此貴恙乃虛火上炎，腎水下竭，不能既濟，此乃脫陽之症，須是補其陰虛，方才好得。」

又請胡太醫來診療。西門慶原本最不信任胡太醫，認為李瓶兒的病就耽誤在他手裡。胡太醫認為是：「下部蘊毒，若久而不治，卒成溺血之疾。乃是忍便行房。」吃了胡太醫的藥，反而尿不出來了。

名醫何老人的兒子何春泉認為西門慶得的「是癃閉便毒，一團膀胱邪火趕到這下邊來，四肢經絡中又有濕痰流聚，以致心腎不交」。

又請何千戶推薦的劉醫師來，第一劑藥喝後沒有反應，第二劑藥後渾身疼痛，叫了一夜。

當晚五更時分，「那不便處腎囊脹破了，流了一灘鮮血。龜頭上又長出疳瘡來，流黃水不止」。

現在看來，任醫官是個標準的庸醫，他認為這是中醫所說的「脫陽」，根本不懂這是新近流行的梅毒；劉醫師也是個混混，診斷根本就不沾邊；胡太醫這回說是「下部蘊毒」，實際是性病的意思，還算大體不差；而何春泉認為的「癃閉」「便毒」屬於尿道感染引發的性病——「淋病」，而淋病在中國唐代醫學文獻中就已記載了（見高羅佩《中國古代房內考》，上海人民出版社，頁二四一），他是用老經驗判斷新病情，未免有些落伍，當然也肯定缺乏有效的治療手段。

按照明代傑出醫學家陳司成的《黴瘡秘錄》記載，梅毒最早的症狀就是或片狀紅腫，遊走不定；或有紫色小點，或如疹子；有的外形潰爛如柿子，有的外形如楊梅，有的是皮下硬結塊，並會破潰腐爛。對照西門慶的症狀，這「癃閉」+「紅瘰」+「疳瘡」+「脹破」，不就是梅毒的標準臨床症狀嗎？

那西門慶的這個病有可能是誰傳染的呢？

梅毒螺旋病菌在人體內通常有三至四週的潛伏期，然後發病。從西門慶正月初六感覺不舒服來看，他應該是十二月上旬感染上病毒的。梅毒是與多性伴侶者有不潔性行為才可能傳染的病毒，而他這一個月的同房者中裡面只有鄭愛月、賁四媳婦有多個性伴侶，鄭愛月是清河名妓，不用說是閱人無數；賁四媳婦與玳安有染，但玳安並沒有梅毒症狀。看來病毒傳染最大的可能就是鄭愛月了。因為清河臨近運河，客商南來北往，貿易發達，鄭愛月作為清河名妓，接待江浙客人不少，她被傳播得上梅毒的可能性最大。

沒想到西門慶一世英雄，最後栽在這個舶來的性病上了。

明代醫學家李時珍在一五七六年刊行的《本草綱目》中在「土茯苓」條下注有：「近

時弘治、正德年間，楊梅瘡橫行。」「楊梅瘡古方不載，亦無病者。近時起於嶺表，傳及四方。」

說明這梅毒是個標準的舶來品。錢鍾書先生在《圍城》中借方鴻漸之口專門講了梅毒的來源。方鴻漸以假博士身分回到家鄉後，本縣的省立中學呂校長馬上專程來邀請他到校演講。方鴻漸講的是西洋文化在中國歷史上的影響，「各位都知道歐洲思想正式跟中國接觸，是在明朝中葉。不過明朝天主教士帶來的科學現在早就過時了，他們帶來的宗教從來沒有合時過。海通幾百年來，只有兩件西洋東西在整個中國社會裡長存不滅。一件是鴉片，一件是梅毒，都是明朝所吸收的西洋文明。」接著鴻漸講了梅毒的具體來源，「至於梅毒，更無疑是舶來品洋貨。叔本華早說近代歐洲文明的特點，第一是楊梅瘡。諸位假如沒機會見到外國原本書，那很容易，只要看徐志摩先生譯的法國小說《戇第德》，就可略知梅毒的淵源。明朝正德以後，這病由洋人帶來。這兩件東西當然流毒無窮，可是也不能一筆抹煞。鴉片引發了許多文學作品，古代詩人向酒裡找靈感，近代歐美詩人都從鴉片裡得靈感。梅毒在遺傳上產生白癡、瘋狂和殘疾，但據說也能刺激天才。」

方鴻漸說的倒是實情。梅毒在中國明代有兩次爆發期，這在明代醫學家陳司成刊印於崇禎五年的醫書《黴瘡秘錄》裡有詳細的記載，第一次爆發是在弘治十一年（按，據

《黴瘡秘錄》記載為戊午年，即西元一四九八年）流行於廣東沿海地區，第二次是在萬曆四十七年（己未年，即西元一六一九年）大規模流行於江浙一帶。而《金瓶梅》成書於嘉靖、萬曆年間，說明西門慶是得風氣之先，恰恰趕上了梅毒在中國的第一次爆發和傳播。

這倒楣的梅毒流行起來還拜賜於哥倫布先生。一四九二年，航海家哥倫布發現美洲大陸，水手們狂歡之後把梅毒從美洲帶回了西班牙，一年後又傳至法國、德國和瑞士，一四九六年出現在荷蘭和希臘，隔年英格蘭和蘇格蘭皆傳此病，一四九九年漫延至匈牙利、波蘭和俄國。結果，梅毒橫掃歐洲，死亡人數超過一千萬，梅毒被稱為「美洲大陸的復仇」。早期的安全套因而出現，用於防止性病傳播。

一四九五年梅毒在那不勒斯爆發流行，又稱「那不勒斯症」，這一年法國統治者的查理八世為了收復那不勒斯王國，發動的入侵義大利的戰爭，那不勒斯被圍困，城內的妓女和婦女被趕出城，遭到法國士兵強姦，法國士兵迅速感染並傳播梅毒，那不勒斯成了梅毒流動的場所，費爾南多在日記中稱之為「法國人病」，故梅毒又有此別稱。在其他地方，法國人稱之為「義大利病」或「那不勒斯病」、「西班牙病」，而阿拉伯人稱為「基督徒病」。

一四九八年，梅毒由首先由葡萄牙人帶入澳門，嗣後在中國廣東嶺南一帶傳播，繼而傳向中國內地。嘉靖時的醫學家俞弁在他的《續醫說》（刊印於嘉靖二十四年，即一五四九年）曾記載：「弘治（一四八八至一五〇五年）末年，民間患惡瘡，自廣東人始，吳人不識，呼為『廣瘡』。又以其形似，謂之『楊梅瘡』。若病人血虛者服輕粉重劑，致生結毒，鼻爛足穿遂成痼疾，終身不愈。」稱其為「楊梅瘡」，是因為此瘡的形狀和顏色都酷肖楊梅，病情嚴重者很快就「鼻爛足穿」，足見其多麼可怕。

關於楊梅瘡第二次流行的記載，是萬曆已未年，即西元一六一九年。在明代醫學家陳司成的醫書《黴瘡秘錄》中，對梅毒的稱謂仍是「廣瘡」和「楊梅瘡」。他說：「邇來世薄人妄，沉溺花柳者，眾忽於避忌，一犯有毒之妓，淫火交織。真氣弱者，毒氣乘虛而襲。初不知覺，或傳於妻妾，或傳於姣童。」陳司成認為這種傳染病主要是由不潔性行為引起，同時會隨著母體遺傳給下一代，他詳細描述了各種症狀，並附有針對不同的病例制定的專門治療方案。（詳見《黴瘡秘錄評注》，人民衛生出版社二〇〇三年七月版）

《黴瘡秘錄》關於用汞劑、砷劑治療梅毒的記載是全世界最早的。從十五世紀到二十世紀初的四百餘年中，汞劑一直是歐亞各國的醫生視為治療梅毒的有效藥物，明代中國對梅毒的認識和治療水準都是最高的，連日本人當時都在借鑑陳司成的治療經驗。治療梅毒從汞劑到使用青黴素，共有三個發展時期：汞劑治療時期（一四七九至一九〇七），砷劑治療時期（一九〇七至一九四三），青黴素治療時期（一九四三至今）。因為陳司成的貢獻，中國又拿了個治療梅毒的世界第一，不知這該算幸耶不幸耶。

世界上死於梅毒的人很多，清朝的同治皇帝就是死於梅毒（儘管官方記載是死於天花）。關於希特勒的死因，近年也有新的說法，美國歷史學家德伯拉・海頓女士認為：希特勒是因為梅毒纏身萬念俱灰，才飲彈自盡的。她甚至認為，希特勒晚年是因為對病情絕望，才促使他變成一部瘋狂的「殺人機器」的。這也可以解釋他為何要在自傳《我的奮鬥》中花十三頁筆墨來闡述德國根除梅毒的重要性。

第四分　迷張

張愛玲書信透露的消息

莊信正的《張愛玲來信箋注》（印刻出版公司二〇〇八年三月版，臺灣）和蘇偉貞主編的《魚往雁返——張愛玲的書信因緣》（允晨文化二〇〇七年二月版，臺灣）都收錄了張愛玲生前的不少信件，前者共收張愛玲給莊信正自一九六六年六月二十六日至一九九四年十月五日的八十四封來信，後者有十六位作者在回憶文章中收入張愛玲信函。還有其他一些文集中披露了一些張愛玲信件。這些一手材料對我們瞭解張愛玲在美的生活、寫作極有幫助。

閱讀中發現張愛玲書信透露的某些消息是目前研究中忽略的，因邊讀邊寫如下。

張愛玲共有多少封書信

書信是瞭解張愛玲在美生活的最一手、最直接的材料，但目前問世的張愛玲書信共有多少封？從張愛玲的聯繫密切程度上說，致宋淇鄺文美夫婦信件最多，按宋以朗在《小團圓》前言中的說法，四十年中往來書信共六百封，長達四十萬言，按張愛玲回信不到一半計算，也有二百多封，尚未整理發表；致夏志清一百二十二封，剛剛整理完全部發表；致莊信正八十四封，已全部發表；致林式同多封，因林不是文學界人士，故保留不多；致劉紹銘十八封（一九六六年至一九六七年間）；致賴雅六封；致萊昂（賴雅傳記作者）三封；致麥卡錫三封。這些已基本能顯示張愛玲在美的生活、寫作全貌。致其他友人和親屬的書信數量都很有限，有的對瞭解張愛玲的某一方面也有幫助。

另外，關於已出版的張愛玲書信集的署名問題，現在看來很不規範。比如印刻出版的《張愛玲來信箋注》，署名「莊信正著」，這就不太合適，因為所有的張愛玲書信的作者以及版權都應該歸屬張愛玲，署名應為「張愛玲著，莊信正箋注」，其他類同。畢竟這與在回憶文章中引用張愛玲的書信是有很大不同的。

張愛玲的書信是她的另一種創作，或者說是她創作的延伸，現在還沒有一本整體的《張愛玲書信全集》，估計也不大容易收全。但是由於書信的私人性很強，如果沒有當事人的相關注解，或來往信件，我們是很難瞭解其前因後果的，所以我覺得整理張愛玲的書信，像整理魯迅書信一樣做統一的注釋是不大行得通的，倒不如像莊信正這樣的，每人整理箋注給各自的書信，單獨出版或發表，然後輯成若干集子，以供世人瞭解或研究張愛玲之用，或許更加現實和可行。期待著有更多的張愛玲書信公布。

張愛玲在加州大學的文稿

張愛玲一九六九年七月至一九七一年六月在伯克萊加州大學中國研究中心做過兩年研究，這個職位的前兩任是夏濟安和莊信正，後由夏志清力薦，陳世驤先生出面邀請而成。據莊信正介紹，這個職位的工作是收集大陸報刊上的常用詞語，做一些解釋，編成詞語彙編；然後寫成分析和論述的專題論文。我想這類似美國研究中國的智庫工作。比如莊信正就出版過一本《鄧拓與燕山夜話》，夏濟安也出過一本小冊子《Metaphor, Myth, Ritual and the Prople's Commune》（隱喻，神話，儀式和人民公社，一九六一年出版，六〇頁）。所以莊信正見到當時大陸的有關資料尤其是文革的資料就會寄給張愛玲（見《箋注》第十九信注）。而從通信中我們知道，張愛玲這時一邊做紅樓夢考證，一邊兼及研究工作。到任職近於結束時，張愛玲交來的文稿卻是簡短的片段形式，而不像以前的學術論文的寫法。對此，陳世驤不滿意，張愛玲也感覺很無辜，因為「他們這些專家是不跟人談這些的，要你自己寫的東西被接受」（《箋注》第二十七信）。張愛玲肯定是用她最擅長的感性的寫作方式，後來卻因文稿不符合論文格式未予出版。我估計這是幾任研究人員中唯一未出版研究結果的一次。

據張愛玲信中說，這份文稿長約一百多頁（《箋注》第三十信），加上近十頁的名詞彙編。後來聽取陳世驤和當時的中國研究專家謝偉思（John S.Service）的意見又修改過一次，但仍能沒在《Asian Survey》上刊用，而以前中國研究中心的小冊子都是經謝偉思之手發表的。這篇文稿對研究張愛玲對中國大陸一九六〇年代政治鬥爭和社會變化的態度應該極有價值，可現在文稿在哪裡呢？

按說這屬於張愛玲在加州大學的職務作品，理應保留在學校的中國研究中心。這麼多年過去了，好像沒有有心人去尋找一下這份作品，讓它出版問世。須知，這也是張愛玲屢次說過「有興趣」的東西，應該打撈出來才是。

張愛玲遺失了哪些作品

從已公布的張愛玲書信中我們知道，在美頻繁的搬家過程中，張愛玲的作品有多部遺失，如兩篇未發表的短篇小說（一九六六年十二月三十一日致夏志清信），不知是什麼內容，也不知後來是否補寫；「正在寫的一大卷稿子」搬家時丟失，莊信正疑為《對照記》的初稿，後張愛玲「憑記憶寫出來」（見《箋注》第七十九信）；部分《海上花》英譯稿（見《箋注》第七十九、八十信）遷徙中遺失，後來的譯稿全璧或為補譯。張愛玲從一九八三年到一九九一年因蟲患頻繁搬家，有一段時期是幾天換一個汽車旅館，隨身東西大量丟棄，其中也不乏文稿，所以才有臺灣記者戴文采掏垃圾之舉。如果張愛玲的晚年生活安定些，或許會有更多傳世的作品吧。

張愛玲在日本

在張愛玲一九五三年二、三月間給宋淇的書信中，談到一九五二年十一月「我到日本去了一趟又回來了」，試圖通過在日本的好友炎櫻找工作。我們知道，胡蘭成自一九五〇年起就居住在日本，此時張愛玲跟胡蘭成分手沒幾年，而且胡已徹底傷了愛玲的心，張愛玲到日本肯定不會去見胡蘭成。那麼，張愛玲此趟日本之行都去了哪裡？都見了什麼人？做了些什麼呢？

張愛玲在一九六六年五月七日致夏志清的信上，提到一九五二年重進港大「讀了不到一學期，因為炎櫻在日本，我有機會到日本去，以為是赴美快捷方式……三個月後回港」。（夏志清《張愛玲給我的信件》，《聯合文學》一九九七年四月）但沒有說在日本的具體行程和見聞，所以我們不曾知曉。一九五〇年代，跟張愛玲關係最密切的朋友，當屬宋淇夫婦，在已公布的書信和宋淇夫婦的文稿中，也沒有詳細記載。

那麼，張愛玲此行的一個關鍵人物——炎櫻，對此有無記錄呢？炎櫻因為張愛玲才成為一個眾人矚目的人物，本人並不擅寫作，自然文字不彰。炎櫻後來也從日本來到美國，並同張愛玲一起拜會過胡適先生。炎櫻於一九九七年十月在美去世，晚於張愛玲兩年。可惜沒人在炎櫻生前進行「搶救性發掘」，使得這麼個資料庫湮沒無聞。我們見到的資料，唯有《張愛玲與賴雅》的作者司馬新在三藩市見過炎櫻，見面前通過電話，見面後也保持著聯繫，「一九九五年秋天張愛玲去世後，我打電話給她，說不幸有個壞消息要報告，她馬上猜到了，當下在電話那端飲泣起來。」但司馬新沒有更多的採訪，張愛玲在一九六六年後的所有書信中也沒提過炎櫻。難道女人間的友誼就這麼脆弱？還是有什麼別的變故？連帶著我們也無從知曉張愛玲日本之行的具體行蹤了。現在只有寄希望於公布更多的張愛玲致宋淇夫婦的書信了。

張愛玲遺稿終歸何處

張愛玲遺囑指定由宋淇、鄺文美夫婦處理其遺物。一九九五年張愛玲離世後，十四箱遺物從美國運到香港，其中有相片、證件、衣物，以及未曝光的作品原稿與殘稿，還有大批信件。目前十一箱存張愛玲合作幾十年的臺灣皇冠出版社，三箱存宋家。

宋以朗在《小團圓》前言中說，四十年中父母與張愛玲往還書信共六百封左右，這還不包括因雙方多次搬家中遺失的部分早期信件。莊信正還說過，他在張愛玲住處見到的照片遠多於後來問世的《對照記》，遺物中的更多照片能否問世也是廣大張迷所關注的。

那麼這些張愛玲遺稿最終能否公布以便專家整理、研究，就像蔣介石日記保存在斯坦福大學供研究之用？

我想，保存在大學供研究應該是最好的歸宿。那麼按照與張愛玲的淵源，香港大學當屬首選。一九三九年至一九四一年張愛玲曾在香港大學讀書，期間的經歷對她後來的創作影響很大。另外，香港大學於二〇〇七年十月十五日曾舉辦「張愛玲的香港傳奇（一九三九～一九四二）」展覽，港大新聞及傳媒研究中心總監及教授陳婉瑩表示過，香港大學願意保管這批文物，作為研究的檔案。宋以朗對港大的保存條件也感到滿意。

旅美學者張錯一九九七年在美國南加州大學成立了「張愛玲文物特藏中心」，那時宋淇剛去世，鄺文美曾送去二箱張愛玲的遺稿，南加州大學圖書館的浦麗琳女士還從中細緻地發現了《海上花》的全部英譯初稿。

還有，保存在臺灣的皇冠出版社也算是一個較好的處所。因為張愛玲全集就是由這家出版社在四十年間不離不棄的堅持中出版的，不斷的督促不僅催生了許多可能湮沒的作品，版稅收入也極大地改善了張愛玲的在美生活，況且現在就有十一箱遺物保存在皇冠，都彙集在那裡逐項整理不失為一個辦法。

不管怎樣，因香港、臺灣、美國相距遙遠，這些遺稿分散各處總不是辦法。宋以朗先生也表示，只要清楚地知道這些遺物會被怎樣保存及作何用途，若雙方意見即合，他願無償把它們捐出來。

張愛玲的「三角」

這個標題雖然有些八卦，卻是張愛玲書信中真實記錄的，相信也是張迷們感興趣的。看完收有張愛玲與宋淇、鄺文美往來書信的《張愛玲私語錄》，感覺宋淇、鄺文美真是值得託付的、有古風的人物，想不到香港還有這樣的人物。張愛玲與這夫婦二人在香港美國新聞處、電懋電影打了三年交道，從此視為知己。張愛玲自云：「越是跟人接觸，越是想起MAE（鄺文美的英文名）的好處，實在是中外只有她這一個人。」相信《小團圓》、《雷峰塔》、《易經》以及更多書信的出版，會使以前所有的《張愛玲傳》都重新改寫。

自從張愛玲一九五五年赴美之後，與宋淇夫婦只是書信來往，直到張愛玲一九九五年去世；但宋淇夫婦從不以認識、幫助張愛玲而自重，藉以抬高自己身價。宋、鄺夫婦二人四十年間只寫過三篇記述張愛玲的文章，其中還包括為張愛玲文集做宣傳、推動（如宋淇的《私語張愛玲》），而且從不涉及張愛玲的隱私。相反，宋淇為了減少麻煩，更多是以「林以亮」為筆名寫文章，免得大家把他與張愛玲扯上關係。倒是另一個研究者水晶根據宋淇給他的書信中透露的張愛玲為蚤子所苦皮膚患病的情況，寫了一篇《張愛玲病了》，在臺灣發表，引起廣泛關注，張愛玲極為惱火，宋淇對水晶的行為憤懣不已，立即與水晶斷交了。這說明張愛玲和宋淇夫婦都對隱私格外保密。

這本《張愛玲私語錄》的當事人都已不在人世，不牽涉隱私，所以所有內容都可以公布了。這本書的第一六一頁透露了一個「小秘密」，那就是張愛玲的「三圍」。因為張愛玲一九五六年十一月在美國寫信給鄺文美，要她幫自己做旗袍，張愛玲發揮她一貫的繪畫特長，畫出了旗袍形狀，對顏色、花型、滾邊、盤扣都提出具體的要求，其中標注的三圍是「32、27、361/2」，這尺寸是英寸，換算成釐米的話是「81、67.5、92.7」，換算成市尺的話是「二尺四寸、二尺、二尺八寸」，身材算是窈窕了。不過，過幾天張愛玲又寫信說穿了件舊旗袍，臀圍三十七點五英寸正合適，因而讓鄺文美再把臀圍放大些，可能是沒有來得及改，第二年三月張愛玲又寫信說自己最近瘦了些，那件旗袍穿上去正合適了。也可能是張愛玲一向為他人考慮，為了不讓鄺文美惦記，謊稱旗袍又合適了吧。

張愛玲買日元

張愛玲到美國後，因為新作進軍美國市場失利，只能靠給香港寫電影劇本的稿酬生活，一直經濟拮据。直到上世紀七十年代後，臺灣日益重視張愛玲的作品，很多作品重新發表，新作也在臺灣得以出版，到一九七六年臺灣皇冠出版《張愛玲全集》，使得張愛玲名聲達到高峰，她的經濟情況也大為好轉，甚至考慮過投資理財問題。比如一九八五年曾致函宋淇夫婦：「剛巧幾天後有兩萬多存款到期，換了一家開了新戶頭，就填你們倆作beneficiaries（受益人），可以幫我料理。」宋淇在給張愛玲的信件中談過自己「有商業頭腦，問題是對錢沒有瘋狂的愛好」。張愛玲覆信時說：「現在超級市場都整排陳列著Forbos（《福布斯》）等雜誌，可見人人都想至少保值，我如果錢多點也要看。」

一九九四年，隨著香港九七回歸的大限將近，很多香港人移民國外，張愛玲推測宋淇夫婦也欲離開香港。一九九四年十月三日，張愛玲致鄺文美信中說：「九七前你們離開香港，我也要結束香港的銀行戶頭，改在新加坡開戶頭，無法再請你們代理，非得自己在當地。既然明年夏天要搬家，不如就搬到新加坡，早點把錢移去，也免得臨時的混亂中又給你們添一樁麻煩事。」為此，宋淇專門回信解釋：「我們已七老八十，病體難支，絕無心無力作他移之想。」

一九九四年，張愛玲獲得臺灣《中國時報》的「特別成就獎」，得了一筆獎金，張愛玲一九九五年五月五日致函鄺文美：「昨天去郵局，收到《中時》獎金，匆匆裝入預先寫好的信內，掛號寄出，忘了支票背書。只好請等下次有便的時候再去掛號寄還……我想買日元是長期的打算，毫無時間性質。」這說明，一、張愛玲的大額收入是由宋淇夫婦代為管理的；二、張愛玲確實曾為保值買入日元。一九九五年七月二十五日，張愛玲給宋淇夫婦的最後一封信中還談到：「買日元我不過是看報上，Cliton（克林頓）不擅外交，民意測驗上他倒是外交一項獨拿高分……有個專欄作家說日本政商界都是中級人員互相諮詢做決定，首長只是榮譽職性質，所以換了誰都沒多大關係……（美國）九六年後如果不輕易用兵，省點錢，美元也許長期跌而不倒。似還是日元好些。」

這說明張愛玲從國際關係和美國不斷援外、出兵等方面看，美元持續下跌，日元是升值趨勢，要拿美元買入日元以保值。另外一點，也說明張愛玲晚年手中頗有餘裕，美元的跌值已影響到她的利益了。只是不知最後操作情況如何。

張愛玲、胡蘭成論金瓶梅

對任何喜愛文學者來說，《金瓶梅》都是座繞不過的大山。我甚至認為，若想瞭解一個人的世界觀、價值觀，看他如何評價《金瓶梅》可也。那看一下張愛玲、胡蘭成如何評價《金瓶梅》，就有此功用。

張愛玲專門寫過一部《紅樓夢魘》，專門考據幾個抄本的異同、續作的真偽和一些情節的差異，但未專文評過《金瓶梅》，只有零星文字涉及到，但我們從她的小說中能感受到《金瓶梅》的影響。張愛玲自己在《紅樓夢魘》的「自序」中也坦承「這兩部書在我是一切的泉源，尤其《紅樓夢》」。

張愛玲對小說情節非常敏感，她從《紅樓夢》的殘缺，用細密的文字做了很多探討，並比較了《金瓶梅》：

我本來一直想著，至少金瓶梅是完整的。也是八九年前才聽見專研究中國小說的漢學家派屈克・韓南（Hanan）說第五十三至五十七回是兩個不相干的人寫的。我非常震動，回想起來，也立刻記起當時看書的時候有那麼一塊灰色的一截，枯燥乏味而不大清楚——其實那就是驢頭不對馬嘴的地方使人迷惑。游東京，送歌童，送十五歲的歌女楚雲，結果都沒戲，使人毫無印象，心裡想「怎麼回事？這書怎麼了？」正納悶，另一回開始了，忽然眼前一亮，像鑽出了隧道。我看見我捧著厚厚一大冊的小字石印本坐在那熟悉的房間裡。「喂，是假的。」我伸手去碰碰那十來歲的人的肩膀。

張愛玲很敏感。那時的資料發掘還不充分，我們現在知道，說第五十三至五十七回是「腐儒」補寫，這個說法最早從沈德符《萬曆野獲編》中記述《金瓶梅》的來歷時就提到了。但這五回是怎麼闕佚的，誰也不知就裡。但我看從第五十二回時就有些疑問，這一回官哥躺在在芭蕉叢下的席子上玩耍，李瓶兒去和吳月娘說話，叫潘金蓮幫忙看著，而金蓮忙著到山洞裡與陳敬濟調情，孟玉樓發現官哥正一個人在那裡登手登腳的大哭，玉樓看見「不知是那裡一個大黑貓，蹲在孩子跟前」。這段描寫分明是為後面白貓雪獅子抓傷官哥所做的鋪墊，但這一回怎麼變成黑貓了？其他章節也沒提到這隻黑貓啊！

細心的人當能看出，從第五十三回到五十七回的筆墨有與前後章回迥異的地方：一、應伯爵幫黃四、李智借錢的情節，出現過多，重複；二、西門慶最痛恨姑子，經常「毀僧謗道」的，五十三回中竟然主動請王姑子來誦經、印經來為官哥消災，他在第五十一回剛痛罵過薛姑子，要「拶她幾拶」，五十七回卻拿出三十兩銀子讓薛姑子來印造《陀羅經》，與全書描寫明顯不符；三、前番苗青害死了個揚州的苗員外，五十五回又冒出個揚州苗員外，而且是「故人」，究竟是「何故」，書中也從沒交代，讓人疑心是苗青頂缸，或有「揚州員外都姓苗」的疑問，還平白送了西門慶兩個歌童；而後來送歌女楚雲的是回到揚州後的苗青，想來這送歌童莫非是受後幾回的啟發？四、常峙節典房子做生意，後面第六十回明明給了五十兩銀子（花三十五兩銀子買房子），五十六回又提前給了十二兩銀子（花三四兩銀子典房子），西門慶很精明，絕對不會在一件事情上花兩次銀子的；五、在五十三回中，潘金蓮與陳敬濟終於得手成姦，這與第八十回中西門慶死後，潘金蓮對陳敬濟說「我兒，你娘今日成就了你罷」不符，看全書明明應該是西門慶死後兩人通姦成功才說得通，前番只是調情而並未得手；六、第五十五回西門慶去東京為蔡京拜壽，是從五月下旬出發的，但到六月十三日才到東京，這時間明顯不符，正常是騎馬半個月打個來回，單程應該七八天才對。

當然，張愛玲其中的質疑沒寫這麼詳細，只是覺得「游東京，送歌童，送十五歲的歌女楚雲，結果都沒戲」，有些疑惑；而我在讀這幾回時明顯感到它們有與前後情節、文氣不符的地方，因詳記如上。

在《國語本〈海上花〉譯後記》中，張愛玲以小說家的眼光，明確地指出：「《金瓶梅》採用《水滸傳》的武松殺嫂故事，而延遲報復，把姦夫淫婦移植到一個多妻的家庭裡，讓他們多活了幾年，這本是個巧招，否則原有的六妻故事照當時的標準不成為故事。不幸作者一旦離開了他最熟悉的材料，再回到《水滸》的架構內，就機械化起來。事實是西門慶一死就差不多了，春梅孟玉樓，就連潘金蓮的個性都是與他相互激發行動才有戲劇有生命。所以不少人說過後部遠不如前。」這是說潘金蓮的個性也只有與西門慶互動才能充分表現，「相互激發行動才有戲劇有生命」是小說家的經驗之談。至於說「西門慶一死就差不多了」，這與哈佛學者田曉菲認為如果把《金瓶梅》比作一部電影的話，西門慶死之前的情節都是彩色的，而死後就變成黑白的一樣，見解有異曲同工之妙。

張愛玲還認為《金瓶梅》中的「色情文字並不是不必要，不過不是少了它就站不住」。在《論寫作》一文中，她探討了是否「越穢褻越好」的問題，「何以《紅樓夢》比較通俗得多，只聽見有熟讀《紅樓夢》的，而不大有熟讀《金瓶梅》的？」所以她覺得不能把低級趣味與色情趣味混為一談，「所以穢褻不穢褻這一層倒是不成問題的」。這也是從小說家的角度，肯定了色情描寫是對人物性格塑造的一個有機組成部分，而不是從教化的角度認為色情描寫沒有必要。

胡蘭成在《今生今世》中記述道：「她看《金瓶梅》，宋蕙蓮的衣裙她都留心到，我問他看到穢褻的地方是否覺得刺激，她卻竟沒有。」這與張愛玲自己的說法是一樣的。張愛玲非常注意顏色搭配等細節，她在《童言無忌》中就說過：「《金瓶梅》裡，家人媳婦宋蕙蓮穿著大紅襖，借了條紫裙子穿著；西門慶看著不順眼，開箱子找了一匹藍綢與她做裙子。」張愛玲在《金鎖記》、《傾城之戀》等小說中的顏色描寫中就深得其中三昧。

張愛玲在《中國人的宗教》裡說：「中國文學裡彌漫著大的悲哀。只有在物質的細節上，它得到歡悅——因此《金瓶梅》、《紅樓夢》仔仔細細開出整桌的菜單，毫無倦意，不為什麼，就因為喜歡——細節往往是和美暢快引人入勝的，而主題往往悲觀。」這從日常生活的豐盛，看出人生意義的虛空，確實是具有哲學意義了。

張愛玲還注意到了「《金瓶梅》中僕人無姓」的問題，說「明人小說《三言二拍》中都是僕從主姓」，這實際上是我們論述過的明時雖然法規禁止人口買賣，但有變通辦法，所有僕人丫嬛都是以養女、養子的名義出現，所以僕人稱主子主婦為「爹」「娘」。

關於《金瓶梅》所用的吳語，張愛玲在《「嗄」？》一文中做了很多探討。她從自己的舊作電影劇本《太太萬歲》中的「下飯」都被改成「嗄」說起，說到《金瓶梅》中屢次出現的「囂紗片子」是淮揚地區方言，疑「囂」為「綃」，一種古代的絲織品，說「綃」是薄得透明的絲綢，因此稱「綃」是極言其薄。張愛玲還認為「停當（妥當）」、「投到（及至）」、「下晚（下午近日落時）」是皖北方言，因為她從小聽合肥女傭說「下晚」，疑是古文「向晚」之訛（即「向晚意不適」的「向晚」）。她還懷疑舊小說中沒地域性的「晌午」一詞是「向午」之訛，實際上字典上解釋「晌」字就是午前午後這一段時間，非常簡單的口語，我覺得張愛玲就有些故作艱深了。

張愛玲很留心這些細節，與她是作家有關。胡蘭成在《民國女子》一章中專門寫到，他想形容一下張愛玲的行坐走路，總覺口齒艱澀，愛玲代他回答：「『《金瓶梅》裡寫孟玉樓，行走時香風細細，坐下時淹然百媚。』我覺得淹然兩字真是好」，張愛玲說「有人雖遇見怎樣的好東西亦滴水不入，有人卻像絲綿蘸著了胭脂，即刻滲開得一塌糊塗」，這已經從探討文學技巧上升到人生經驗了。

接著說胡蘭成。

我一直對胡蘭成的學問體系感到懷疑，其駁雜是一定的，但深邃談得上嗎？這從他的兩篇論述《金瓶梅》的文章中也得到了印證。

胡蘭成第一篇涉及《金瓶梅》的文章是一九四二年給曹涵美的《金瓶梅全圖》第二冊寫的序言，其時他正在汪偽宣傳部次長的職位上，兼任《國民新聞》總主筆。這時胡蘭成對《金瓶梅》的印象好像已不大深了，這篇序言更有些像應付差事之作。他把《金瓶梅》與張岱《陶庵夢憶》和袁中郎散文做起了比較，說「我對《陶庵夢憶》較之《金瓶梅》更親切」。其實這二者一為對昔日豪門生活的回味，一為對現實社會的描摹和批判，相差好像較遠。他只記得「《金瓶梅》裡則被無饜的肉的追求所淹沒了。但仍然是，淡淡的哀愁，無出息的生之苦難呀」，這實際上與當時日本全面侵華、舉國一片悲觀、汪偽打出「合作」旗幟時的氛圍有關。胡蘭成說：「如今的時勢，一種沒落的氣氛正威脅著中華民族，有夢可憶的，許多人都回到張岱的路上去了，有錢的都回到西門慶的路上去了，既無錢，又無夢可憶的，都回到袁中郎的路上去了。但是我相信，在這些之外，中華民族，應當還有人在。」有些標榜他提倡的「第三條道路」，這就是拿著《金瓶梅》說事，與小說無關了。

在一九四四年時，胡蘭成到武漢創辦《大楚報》前夕。這時他又寫下一篇《談論〈金瓶梅〉》，載一九四四年十一月的《苦竹》雜誌。這次他是剛重新看完這部小說，心中有話要說。胡蘭成對《金瓶梅》的評價始終不高，他對沈啟无說：「無事我又看了一遍《金瓶梅》，覺得寫的欠好，讀了只有壅塞的憂傷，沒有啟發。於是啟無說了些明朝萬曆天啟年間的事。《金瓶梅》裡的人物，正如陰雨天換下沒有洗的綢緞衣裳，有濃濃的人體的氣味，然而人已經不在這兒了，也有熠熠的光輝，捏一捏還是柔滑的，可是齷齪」。這種比喻倒是奇特，說明胡蘭成的藝術感覺還是好的、敏銳的。

胡蘭成還是認為《金瓶梅》的作者是一位在類似西門慶這樣的富家開過館塾的教書先生，只接觸過此類人家的浮層，並不瞭解其實質。他說：「《金瓶梅》的作者對於故事只有取，沒有給。讓故事自己去完成本也說得通，但人生的完成仍有比故事的完成更廣大的，作者的不足處就在於他描寫書中的人物，而不能超過書中的人物。但凡作者，都是描寫自己的，從外界的人物裡描寫自己，也使讀者從這裡發見自己。讀了《金瓶梅》，可是不能有這樣的發見。……作者在《金瓶梅》裡也不能發見自己。他不能賦予故事以人生的完成，只能寫出故事自身的完成。」我覺得在這點上他的認識確實不如張愛玲，張愛玲讀出了文字後大悲哀，我也覺得小說的內涵是超乎情節之外的，或者說是這個社會的寓言，已經預言了這個社會的崩毀。

反過來，胡蘭成又說了《金瓶梅》的優點：

但《金瓶梅》仍舊有它的不可及處，中國至今還沒有把文字與言語結合得像《金瓶梅》這樣好，這樣活生生的。人物出處也寫得切切實實，沒有一點傳奇化。西門慶那麼荒唐，對李瓶兒還是有真的愛，但也不因此影響他的荒唐。潘金蓮與春梅都是尖刻到不能再尖刻的，她們相互間卻也有真情真義。孟玉樓溫溫柔柔的再嫁西門慶，西門慶死後又溫溫柔柔的三嫁李衙內，沒有一點感情上的損傷。她三嫁李衙內時已三十七歲，還是當初再嫁西門慶時三十歲的孟玉樓「行走處暗香細生，坐下時淹然百媚」，沒有想到要責備她。落後春梅做了周守備的夫人，依她的為人很可以報復月娘的，但她還是敬重月娘，來往走動，過去的主奴關係不論是恨毒也罷，恨毒也有可懷念的，事過境遷，倒是變成了親切的，人生往往如此。頂委委曲曲的是李瓶兒，她是西門慶家惟一可以獻給神的犧牲，而她也已饒恕了西門慶一家了。

我想胡蘭成寫下這些時也與他當時的心境有關，對孟玉樓「三嫁李衙內」很可以看出一點自況的意味。後面，他又寫道「全書幾乎沒有一處寫得不好，氣魄也大，然而仍舊像少了一些什麼似的，永遠失落了，又彷彿從來就沒有過」，與前面說的「寫的欠好」雖是對立統一，但也有些矛盾處。反正，他覺得讀後「只是壅塞的憂傷，解脫不了」，這種感覺倒是貫穿始終的。

胡蘭成到日本之後撰寫的《中國文學史話》，只提到《三國演義》、《水滸傳》、《西遊記》、《紅樓夢》等著作，全書絲毫未提到《金瓶梅》，對於這麼一個巨大的存在竟視若無睹，不知何故。

跋

小集收文五十篇，多與書及書中的食物有關。最早一篇談錢鍾書《石語》的文章作於一九九六年，其餘多為近些年所作。我是把書視為美味的，手頭正在做的事恰也與書中的美食相關，所以把它作為現成的材料，寫成了一些小文，算是編書的副產品吧。

「食、色，性也。」人生不過食色二字。近些年，除了寫一些與書相關的文字外，我的精力主要著意於研究這兩個字，手頭資料堆積如山，書裡面關於春宮畫和梅毒的兩篇文章就是小小的嘗試。我知道，雖只是小小的兩個字，卻是我這輩子也難以書寫窮盡的。那就隨緣吧。

感謝《書屋》、《書城》、《中國圖書評論》、《企業觀察家》、《南方都市報》、《新京報》、《晶報》等報刊發表了這些文字，更感謝網友們的熱心補充和指謬。

癸巳年乍暖還寒時節，小鮮館

新鋭文學28 PG1052

新鋭文創
INDEPENDENT & UNIQUE

小鮮集
──食色生活

作　　者	曹亞瑟
主　　編	蔡登山
責任編輯	蔡曉雯
圖文排版	詹凱倫
封面設計	陳怡捷

出版策劃	新鋭文創
發 行 人	宋政坤
法律顧問	毛國樑　律師
製作發行	秀威資訊科技股份有限公司 114 台北市內湖區瑞光路76巷65號1樓 電話：+886-2-2796-3638　傳真：+886-2-2796-1377 服務信箱：service@showwe.com.tw http://www.showwe.com.tw
郵政劃撥	19563868　戶名：秀威資訊科技股份有限公司
展售門市	國家書店【松江門市】 104 台北市中山區松江路209號1樓 電話：+886-2-2518-0207　傳真：+886-2-2518-0778
網路訂購	秀威網路書店：http://www.bodbooks.com.tw 國家網路書店：http://www.govbooks.com.tw

出版日期	2014年1月　BOD一版
定　　價	330元

Printed in Taiwan

國家圖書館出版品預行編目

小鮮集：食色生活 / 曹亞瑟著. -- 一版. -- 臺北市：新銳文創：2014. 01
面； 公分. -- (新銳文學；PG1052)
BOD版
ISBN 978-986-5915-96-4 (平裝)

1. 飲食 2. 文集

427.07 102024751

讀者回函卡

感謝您購買本書，為提升服務品質，請填妥以下資料，將讀者回函卡直接寄回或傳真本公司，收到您的寶貴意見後，我們會收藏記錄及檢討，謝謝！如您需要了解本公司最新出版書目、購書優惠或企劃活動，歡迎您上網查詢或下載相關資料：http:// www.showwe.com.tw

您購買的書名：________________________

出生日期：________年________月________日

學歷：□高中(含)以下　□大專　□研究所(含)以上

職業：□製造業　□金融業　□資訊業　□軍警　□傳播業　□自由業

□服務業　□公務員　□教職　□學生　□家管　□其它____

購書地點：□網路書店　□實體書店　□書展　□郵購　□贈閱　□其他

您從何得知本書的消息？

□網路書店　□實體書店　□網路搜尋　□電子報　□書訊　□雜誌

□傳播媒體　□親友推薦　□網站推薦　□部落格　□其他________

您對本書的評價：(請填代號　1.非常滿意　2.滿意　3.尚可　4.再改進)

封面設計____　版面編排____　內容____　文／譯筆____　價格____

讀完書後您覺得：

□很有收穫　□有收穫　□收穫不多　□沒收穫

對我們的建議：________________________

____

____

____

請貼
郵票

11466
台北市內湖區瑞光路 76 巷 65 號 1 樓
秀威資訊科技股份有限公司 收
BOD 數位出版事業部

（請沿線對折寄回，謝謝！）

姓　　名：＿＿＿＿＿＿＿＿　年齡：＿＿＿＿　性別：□女　□男

郵遞區號：□□□□□

地　　址：＿＿＿＿＿＿＿＿＿＿＿＿＿＿＿＿＿＿＿＿

聯絡電話：(日)＿＿＿＿＿＿＿＿(夜)＿＿＿＿＿＿＿＿

E-mail：＿＿＿＿＿＿＿＿＿＿＿＿＿＿＿＿＿＿＿＿